CB011451

BIOLOGIA REVISADA

Dr. Willis W. Harman
Dra. Elisabet Sahtouris

BIOLOGIA REVISADA

Tradução
HENRIQUE AMAT RÊGO MONTEIRO

EDITORA CULTRIX
São Paulo

Título original: *Biology Revisioned.*

Copyright © 1998 The Institute of Noetic Sciences.

Excertos das pp. 157-158 de *Spell of the Sensuous* de David Abram. Copyright ©1996 David Abram. Reproduzido com a permissão da Pantheon Books, uma divisão da Random House, Inc.

A citação de David Korten foi retirada da *Tikkun Magazine, A Bi-Monthly Jewish Critique of Politics, Culture Tikkun and Society*. Para informações e assinaturas, entrar em contato com 26 Fell Street, San Francisco, CA 94102.

Ilustrações das páginas 27-28-39-49-60-76-77-91-98 de Adrienne Smucker.
Cartoon da página 30 de Carol Guion.
Foto do Telescópio Hubble, da página 109, cortesia de Jeff Hester & Paul Scowen (Arizona State University) e da NASA.

Todos os direitos reservados. Nenhuma parte deste livro pode ser reproduzida ou usada de qualquer forma ou por qualquer meio, eletrônico ou mecânico, inclusive fotocópias, gravações ou sistema de armazenamento em banco de dados, sem permissão por escrito, exceto nos casos de trechos curtos citados em resenhas críticas ou artigos de revistas.

A Editora Pensamento-Cultrix Ltda. não se responsabiliza por eventuais mudanças ocorridas nos endereços convencionais ou eletrônicos citados neste livro.

Dados Internacionais de Catalogação na Publicação (CIP)
(Câmara Brasileira do Livro, SP, Brasil)

Harman, Willis W.
Biologia revisada / Willis W. Harman, Elisabet Sahtouris ; tradução Henrique Amat Rêgo Monteiro. -- São Paulo : Cultrix, 2007.

Título original : Biology revisioned.
2ª reimpr. da 1ª ed. de 2003.
ISBN 85-316-0794-9

1. Biologia - Filosofia 2. Consciência I. Sahtouris, Elisabet. II. Título.

06-8145 CDD-570.1

Índices para catálogo sistemático:
1. Biologia : Filosofia 570.1

O primeiro número à esquerda indica a edição, ou reedição, desta obra. A primeira dezena à direita indica o ano em que esta edição, ou reedição foi publicada.

Edição	Ano
2-3-4-5-6-7-8-9-10-11-12	07-08-09-10-11-12-13

Direitos de tradução para o Brasil
adquiridos com exclusividade pela
EDITORA PENSAMENTO-CULTRIX LTDA.
Rua Dr. Mário Vicente, 368 – 04270-000 – São Paulo, SP
Fone: 6166-9000 – Fax: 6166-9008
E-mail: pensamento@cultrix.com.br
http://www.pensamento-cultrix.com.br
que se reserva a propriedade literária desta tradução.

Este livro é
carinhosamente dedicado
à memória de
Willis W. Harman.

"Talvez os únicos limites
à mente humana
sejam aqueles em que acreditamos."

— Willis Harman
Global Mind Change
1988

Sumário

Introdução

Durante os últimos trinta anos da vida de Willis Harman, tive o privilégio de conhecê-lo e trabalhar com ele. Ao longo desse período fecundo, observei-o mergulhar, uma vez após outra, nas grandes idéias do nosso tempo — enquanto procurava entender a transformação social que ele acreditava estarmos atravessando. Como futurista, o interesse dele por essas mudanças compreendia desde uma avaliação geral das transformações sociais até certos setores específicos: primeiro ele se deixou intrigar pelo *poder dos nossos sistemas de crenças* e depois, consecutivamente, voltou a atenção para *a intuição, a criatividade, o significado do trabalho, o papel transformador dos negócios*... e, finalmente, para as raízes de uma das forças mais influentes na moldagem da cultura ocidental, a *ciência*. Cada pesquisa conduzia a novas idéias, a sínteses criativas — e à autoria de estimulantes novos livros em que compartilhava o que aprendera. Por trás de todas essas obras encontrava-se a convicção de que, se pretendemos realizar mais plenamente os nossos potenciais humanos, precisamos examinar os nossos mais profundos pressupostos.

À época do seu septuagésimo aniversário, um amigo perguntou a Willis que assunto ele mais gostaria de estudar nos anos remanescentes da sua vida. A escolha dele foi enérgica e imediata. Ele queria investigar os pressupostos centrais subjacentes à ciência moderna, para ver se esses pressupostos baseavam-se em princípios imutáveis ou se refletiam as condições históricas das quais a ciência moderna surgira, uns quatrocentos anos atrás. O interesse dele era altamente pragmático: muitos dos temas mais profundamente pertinentes da humanidade são excluídos do estudo que usa uma ciência baseada no reducionismo, no positivismo e no materialismo.

Willis desenvolveu os alicerces para essa nova orientação durante os quase vinte anos em que esteve à frente do Institute of Noetic Sciences. Em especial, o "Causality Project", que durou sete anos, surgiu dessa escolha. Sob a direção de Willis, o projeto reuniu um impressionante grupo multidisciplinar de cientistas, filósofos e pesquisadores internacionais para investigar o sistema de crenças fundamental que está por trás da ciência moderna. Juntos, eles pesquisaram como seria a ciência caso tivesse sido escolhido um outro conjunto de preceitos. O que teria acontecido, indagaram eles coletivamente, se *partíssemos* do pressuposto da união em vez da separação? A resultante "ciência da unidade" poderia incluir metodologias participativas, concentrar-se na compreensão assim como na predição e no controle e ser tão radicalmente empírica que nenhum campo da existência humana precisaria ser excluído do estudo científico.

Biologia Revisada surgiu desse fértil ambiente intelectual. As ciências da vida fornecem um campo especialmente fecundo de investigação para o estudo das conseqüências práticas dessas novas idéias. Willis convencera-se de que os recentes avanços na biologia, ao lado das principais descobertas e teorias de outros ramos das ciências (especialmente a física quântica, a teoria da complexidade, a dinâmica não-linear e os sistemas e teorias de campo), indicavam o caminho para uma ciência ampliada, que poderia incluir as nossas experiências interiores em igualdade de condições com o mundo material. Com um entusiasmo e uma curiosidade tipicamente seus, ele decidiu mergulhar fundo na biologia e discutir, com um grupo dos mais distintos e criativos biólogos, as idéias que lhe ocorressem.

Para expressar essas idéias da maneira mais perfeita possível, ele recorreu a Elisabet Sahtouris, uma bióloga atenta, receptiva, razoável e perspicaz, estabelecendo um diálogo centrado na ciência da vida. De acordo com o significado original da palavra *diálogos,* da interação das pessoas surge uma significação inesperada, com uma profundidade maior do que se qualquer uma delas refletisse isoladamente. A biologia revisada por Willis e Elisabet estabelece uma sustentação teórica que permite uma interligação, assim como uma complementação, entre a física quântica e as filosofias espirituais orientais. Inclui, igualmente, a interação entre a consciência humana e o mundo material como necessária para uma compreensão plena da realidade e do nosso lugar nela — um terreno comum que é tanto pesquisável quanto cognoscível.

O Institute of Noetic Sciences, do qual Willis foi presidente por muitos anos, está comprometido com a contínua investigação da natureza da realidade, atribuindo ênfase especial à natureza e ao potencial da consciência humana. Contrabalançando rigor e imparcialidade, a nossa pesquisa respeita e utiliza todos os meios do conhecimento, incluindo os processos de raciocínio do intelecto, a percepção das nossas experiências pelos sentidos e os meios intuitivos, espirituais ou interiores de conhecimento. Uma das nossas metas primordiais é ampliar as fronteiras e as metodologias da ciência ocidental para acomodar mais plenamente todo o espectro da existência humana. Essa intrigante mudança de perspectiva reflete-se na forma final do livro de Willis. *Biologia Revisada* é a peça que faltava para coroar uma longa e inspiradora carreira, comprometida sempre com algumas das idéias mais marcantes da nossa época: o livro é oferecido ao leitor em benefício da continuidade histórica da vida.

— Winston Franklin, presidente
The Institute of Noetic Sciences

Prefácio

Ouvem-se hoje em dia muitos rumores de que as ciências biológicas — e conseqüentemente a nossa compreensão da vida — estariam se encaminhando para uma mudança fundamental. David Depew e Bruce Weber (1985) postularam a necessidade de *Uma Nova Biologia* e uma *Nova Filosofia da Ciência*. Ernst Mayr (1988) incentivou-nos a considerar *Uma Nova Filosofia da Biologia*. Robert Augros e George Stanciu (1987) escreveram sobre *A Nova Biologia: Descobrindo a Sabedoria da Natureza*. Richard Levins e Richard Lewontin (1985) comentaram como as coisas parecem diferentes ao *Biólogo Dialético*. Henri Bortoft (1996) refletiu sobre *A Unidade da Natureza: A Ciência de Goethe da Participação Consciente da Natureza*. O biólogo britânico Brian Goodwin (1994b) incitou-nos na direção de "Uma Ciência de Qualidades".[1]

Embora muitos estudiosos das ciências biológicas pressintam uma efervescência criativa e prenunciem uma evolução importante, há menos acordo quanto ao que poderia ser essa "nova biologia". Podem-se distinguir pelo menos três concepções muito diferentes:

> **Concepção 1**. A física quântica e a teoria da complexidade oferecem novas idéias tão inspiradoras que as suas implicações conduzem a uma biologia qualitativamente "nova"; nenhuma modificação epistemológica fundamental parece ser necessária.

---

1. As expressões realçadas em itálico são menções explícitas aos títulos das obras publicadas pelos respectivos autores, relacionadas no final do livro nas "Referências Bibliográficas". (N. do T.)

Concepção 2. Há a necessidade de uma biologia mais holística, caracterizada pelo reconhecimento de que o todo é mais do que a soma das suas partes, por qualidades "manifestas" não redutíveis mesmo em princípio às ciências exatas e por uma epistemologia mais participativa.

Concepção 3. Mesmo que a Concepção 2 explique com precisão a próxima etapa, ela é na realidade uma ponte para uma biologia ainda mais radical, que aceita a idéia de que algo que se assemelhe à consciência parece estar presente como um substrato, por assim dizer, da realidade concreta.

Concepção 1
Novos instrumentos

Na primeira dessas três interpretações, as principais novas idéias inspiradoras são a) que os processos intracelulares ocorrem em tais níveis de energia e informação que são necessários conceitos da física quântica para entendêlos e b) que a teoria da complexidade revela que as informações podem ser criadas, dando uma nova compreensão do enigma central da evolução — ou seja, a origem dos saltos qualitativos que fornecem a matéria-prima para a seleção natural e que parecem ocorrer com pouca ou nenhuma seleção.

A teoria da complexidade, em especial, parece trazer uma possibilidade radicalmente nova à teoria evolutiva. É amplamente reconhecido que a hipótese darwiniana da origem de novas espécies — mutações fortuitas seguidas pela seleção natural — não corresponde satisfatoriamente aos dados observados. A mudança gradual e a continuidade que ela insinua simplesmente não se encontram nos registros fósseis. Novos tipos de organismos aparecem na cena evolutiva, persistem durante períodos variados de tempo e depois se extinguem. Não há uma explicação amplamente aceita para esse surgimento relativamente repentino da inovação, que parece requerer algum outro princípio explicativo além da seleção natural em pequenas variações. O aparecimento da ordem a partir do caos na teoria da complexidade parece dar uma indicação promissora no sentido da explicação desse fenômeno.

Existem múltiplas evidências de uma força auto-organizadora fundamental nos sistemas vivos, dos menores aos maiores seres concebíveis, que permanecem inexplicadas pelos princípios físicos. Os sistemas vivos exibem uma tendência à auto-organização (por exemplo, homeostasia, padrões intrincados em flores, asas de borboletas, etc.); à preservação da integridade (por exemplo, cura e regeneração, ontogenia desde um único ovo fertilizado a um organismo adulto); à sobrevivência do organismo e das espécies (por exemplo, padrões instintivos complexos para a proteção e a reprodução). As tentativas de explicar essa força auto-organizadora em termos de projetos genéticos foram inconvincentes. Novamente, porém, a demonstração, na teoria da complexidade, de que a ordem pode surgir a partir do caos oferece uma nova esperança de se entender a auto-organização em termos de epigenesia.

Com o passar do tempo, o efeito cumulativo dessa tendência auto-organizadora em evolução manifesta-se como intencionalidade aparente ou como absolutamente teleológica. A teleologia tem sido um conceito inaceitável para a maioria dos biólogos; não obstante, é preciso forçar a imaginação para conceber uma imagem da evolução que não inclua pelo menos algum tipo de instinto de sobrevivência. O uso de modelos da teoria da complexidade pode aliviar parte do desconforto causado por esse aparecimento teleológico.

Entre os cientistas biológicos convencionais, essa primeira concepção seria indubitavelmente a interpretação preferida — na medida em que eles aceitariam qualquer conceito de uma "nova biologia". Ela depende da eficácia demonstrada do paradigma científico na sua forma atual e não abre caminho para uma especulação "fácil". Alguns biólogos, porém, opinaram recentemente que a "nova biologia" deve ir muito além e chegar de verdade a uma mudança definida de perspectiva, em vez de simplesmente ao acréscimo de uma nova instrumentação a uma ciência reducionista.

Concepção 2
Uma biologia mais holística

A segunda interpretação da "nova biologia" avança um pouco mais na direção do holismo. Inclui, em primeiro lugar, uma reintegração do organismo. Nessa concepção, o organismo não é explicado satisfatoriamente em termos de genes e os seus produtos; fatores epigenéticos precisam ser levados em conta no desenvolvimento do organismo. Os organismos são sistemas vivos integrados, não simplesmente máquinas complexas controladas pelos genes que carregam dentro de si. Um organismo é uma unidade funcional e estrutural na qual as partes constituintes, para a expressão de uma singularidade determinada, existem *umas para as outras* e também *umas por meio das outras*. Em outras palavras, cada parte depende das outras partes e funciona para as outras partes assim como para o todo. As partes não são feitas independentemente e depois reunidas, mas surgem como resultado de interações dentro do organismo em desenvolvimento e entre o organismo e o seu ambiente. Da mesma maneira que a física tem diferentes teorias organizacionais para as partículas microscópicas (a mecânica quântica), os fluidos macroscópicos (a hidrodinâmica) e as estrelas e as galáxias (a teoria da relatividade), assim também a biologia pode ser mais bem servida por uma biologia molecular ampliada por uma teoria dos organismos como entidades distintivas por natureza, com tipos característicos de ordem e organização dinâmica (depois integrados em sistemas co-evolutivos de organismo-ambiente e assim por diante).

Normalmente, a natureza de um organismo é explicada nos termos da espécie à qual pertence. Entre as características mais distintivas de uma espécie estão o seu padrão espacial (a sua forma, ou morfologia) e os seus padrões característicos de atividade (alimentação, acasalamento, migração, etc.). O estudo da forma biológica, no espaço e no tempo, é o princípio do que Brian Goodwin chamou de uma "ciência de qualidades", que complementa e amplia a importante ciência de quantidades (em especial, a biologia molecular), que tende a dominar o cenário no momento.

Nessa biologia mais holística, o organismo não é separável do seu ambiente. Gail Fleishaker propôs o termo "indivíduos ecológicos" para diferenciar esse conceito do organismo isolável. A vida aparece e persiste não como a soma de entidades discretas múltiplas mas como uma única ecologia — a conseqüência de vários níveis de inclusão da operação metabólica progressiva e contínua da vida. É a unidade operacional desses sistemas sobrepostos que marca espacial e temporalmente esses sistemas vivos como indivíduos ecológicos. A unidade espacial de operação é comprovada na expansão das células, das populações e das comunidades em espaço ecológico, usando os dejetos dos outros como alimento. A unidade temporal de operação é comprovada na extensão de associações íntimas retidas com o passar do tempo entre os sistemas vivos. A simbiose e a origem endossimbiótica das células nucleadas (eucarióticas) são exemplos da operação unitária e integrada de parceiros.

Outro aspecto dessa biologia mais holística é relatado em termos tais como metodologia "participativa" ou "qualitativa". Às vezes, ela é mencionada em termos de ciência de "primeira pessoa", contrastando com a usual ciência de "terceira pessoa". Essa é basicamente outra maneira de referir-se à experiência pessoal do cientista com o objeto de estudo e reconhecer que essa maneira de sentir cria a sua própria forma de conhecimento íntimo, que só pode ser compartilhado por algo como o aprendizado — não certamente por equações matemáticas e pelos textos científicos. Esse tipo de ciência foi suscitado por Goethe e depois por Rudolf Steiner. Brian Goodwin, em especial, escreveu longamente sobre isso. Algo semelhante também pode ser encontrado na "ciência" dos povos indígenas. É nesses lugares que podemos procurar pistas para o tipo de compreensão a ser oferecido por uma nova "ciência de qualidades".

Um conceito central da biologia holística é que há uma hierarquia natural de moléculas → organelas → células → tecidos → órgãos → organismos → sociedades. Arthur Koestler apresentou os termos "hólons" em "holarquia" para evitar algumas das conotações negativas da palavra hierarquia, e nós adotamos esses termos ao longo deste livro. Cada elemento biológico, unificado por uma lógica central das entidades vivas, apresenta as suas respectivas propriedades dinâmicas complexas e manifestas — qualitativamente diferentes de qualquer coisa encontrada entre os seus componentes. Ao mesmo tempo, essas metáforas hierárquicas não contradizem a unidade básica. Na holarquia, o comportamento caótico num nível pode dar origem à ordem distintiva no nível seguinte. Esse se torna um fator-chave na compreensão da morfologia, do comportamento e da cultura. (Conforme afirmou H. Patee: "O controle hierárquico é a característica essencial e distintiva da vida.")

Uma das características distintivas de uma biologia holística está nas metáforas usadas. A literatura reducionista do neodarwinismo está repleta de metáforas do tipo "informações" do DNA, "programa" genético, interações "competitivas" entre as espécies, sobrevivência do mais adaptado e estratégias de sobrevivência de "genes egoístas". Nessa concepção da evolução, as espécies funcionam ou não; elas não têm valor intrínseco nem qualidades holísticas, e as metáforas revelam isso. Numa biologia holística, ao contrário, encontramos metáforas do tipo contínuo, cooperação, altruísmo, atuação, criatividade, atividade e "vida à beira do caos". A intencionalidade aparente não é necessariamente algo epifenomenal, a ser "explicado" nos termos da química e da física, mas uma característica observável resultante a ser incluída nas teorias nos mais altos níveis hierárquicos (holárquicos).

A concepção holística reconhece que na morfogênese, ou criação da forma, a ordem manifesta é gerada por tipos distintivos de processos dinâmicos nos quais os genes desempenham um papel significativo mas limitado. O controle do processo da morfogênese inclui fatores epigenéticos e processos que ainda têm de ser entendidos. Uma parte importante da nova ciência é o estudo da dinâmica dos processos resultantes. A característica central do processo evolutivo é o surgimento criativo.

Segundo esse ponto de vista, até mesmo os microrganismos — conforme demonstrado no trabalho de laboratório de John Cairns e a teorização evolutiva de Lynn Margulis — parecem ser organismos capazes de resolver problemas, a despeito do fato óbvio de que não têm cérebro nem sistema nervoso central.

Provavelmente, a questão que mais divide essa interpretação da "nova biologia" da Concepção 1 tem a ver com a tendência observada de todos os organismos para a auto-organização (*autopoiese*). Na concepção anterior, a auto-organização é epifenomenal, a ser explicada, mais recentemente, pela teoria da complexidade. Na concepção holística, a auto-organização é uma característica manifesta a ser estudada na sua própria natureza, não reduzida a algo secundário.

Concepção 3
Novos pressupostos epistemológicos e ontológicos

A terceira concepção, que é a apresentada neste livro, distingue-se das outras duas pela sugestão de que a característica autoformadora dos seres vivos, assim como de numerosos outros enigmas biológicos, requer um reexame dos pressupostos metafísicos que tendem a estar por trás de toda a ciência ocidental.

Essa terceira interpretação da "nova biologia" relaciona-se à disputa existente há muito na filosofia entre o realismo e o idealismo. O filósofo francês Henri Bergson tentou solucionar essa questão com a sua "filosofia do processo". Bergson, particularmente, insistiu em tratar de dois modos básicos de conhecimento — o das informações dos sentidos físicos e o da intuição profunda — em vez de basear-se apenas na primeira. Ou, conforme Owen Barfield comentou, "Só existe realmente um único mundo, embora com um lado interior e outro exterior, um só mundo percebido exteriormente pelos nossos sentidos e interiormente pela nossa consciência".

Diversos acadêmicos, de George Wald a Ken Wilber, sugeriram que as ciências biológicas tomariam uma forma bastante diferente caso se considerasse a possível presença de algo como a consciência respondendo pelos fenômenos. Esse pressuposto, em especial, afetaria as interpretações de evolução, de adaptação, de morfogênese/ontogenia, de funcionamento do sistema imunológico, dos padrões de comportamento instintivo e da capacidade dos organismos de distinguir o "eu" do "não-eu". Lynn Margulis indicou esse pressuposto nas suas discussões das adaptações e inovações "inteligentes" de microrganismos na história primitiva da vida no planeta. A insistência quanto à influência do DNA parece relacionada à omissão de algo como a consciência da nossa compreensão do organismo e da herança. A antipatia há muito existente com relação aos conceitos de teleologia e finalidade, e a cautela com relação ao conceito de intencionalidade, também parece relacionada a essa omissão. Realmente, todas as áreas da ciência biológica seriam afetadas pela admissão desse pressuposto relativo à consciência — incluindo a indagação sobre a origem da vida, o aparecimento da inovação na evolução, os sistemas autoconstituídos e organizados, a suficiência das neurociências na forma presente e o poder explicativo da bioquímica e da biologia molecular.

Neste livro, consideramos esse assunto do ponto de vista de que é um acidente histórico a física ter se tornado a disciplina de base geralmente aceita dentro da ciência. Em maior ou menor extensão, as outras ciências tentam imitar a física, e disseminou-se o pressuposto de que as explicações definitivas se dão em termos de partículas fundamentais e campos básicos.

Mas e se, no lugar da física, a biologia fosse considerada a disciplina de base? Se a ciência começasse com a biologia, pareceria a coisa mais natural tratar do todo antes das partes. Conceitos holísticos, como os de organismo e sistemas ecológicos, seriam os pontos de partida, em vez de "partículas fundamentais" distintas. A questão para nós não seria a grande surpresa de descobrir, pelas revelações da física quântica, que tudo está interligado; antes de mais nada, ninguém nunca teria presumido a separação. Uma vez que as nossas experiências mentais interiores compreendem o nosso contato mais direto com a realidade maior, sendo as informações dos sentidos físicos de certo modo secundárias e indiretas, a consciência seria naturalmente de interesse central no estudo biológico. Não haveria nenhuma razão para considerar esse fato epifenomenal ou a ser explicado em termos de funções físicas.

Embora Arthur Koestler tenha apresentado os termos "hólon" e "holarquia" muitos anos atrás, tentando ocupar-se desses aspectos holísticos, esses termos não se tornaram exatamente parte da linguagem comum. No entanto, a posição ontológica recomendada por Ken Wilber (que se ajusta a uma extensa gama da existência humana) é a de considerar a realidade como composta de "hólons" — cada qual sendo um todo e simultaneamente uma parte de algum outro todo (1996). Uma das características de um hólon em qualquer domínio é a sua *atividade*, ou a capacidade para manter a sua própria integridade em face das pressões ambientais que de outro modo o obliterariam. Ao mesmo tempo, ele tem de se ajustar como parte de alguma outra coisa, com as suas *comunhões* como parte de outros todos. As suas outras aptidões são a *autodissolução* e a *autotranscendência*. Um hólon pode se dividir em outros hólons. Mas todo hólon também tem uma tendência a unir-se a outros para o surgimento de hólons novos e criativos; a evolução é um processo profundamente autotranscendente. O impulso autotranscendente produz vida a partir da matéria e consciência a partir da vida.

Essa nova posição ontológica de "holarquia" (hólons dentro de hólons dentro de hólons...) tem muitos aspectos atraentes. Por exemplo, parece solucionar satisfatoriamente muitos dos enigmas da filosofia ocidental consagrados pelo tempo (o problema mente/corpo, por exemplo, e o do livre-arbítrio *versus* determinismo). Uma vez que tudo faz parte de uma holarquia, se a consciência encontra-se em qualquer lugar (como no nível do cientista-hólon), ela é por esse fato uma característica do todo. Não podemos controlá-lo nem no nível de microrganismo, nem no nível da Terra, ou Gaia.

Situar a posição ontológica nas ciências biológicas envolve algumas implicações fascinantes e surpreendentes. As ciências biológicas trazem dentro de si um vasto sortimento de enigmas. Os sistemas vivos, desde os menores micróbios até os organismos maiores, mostram auto-organização; toda a vida é basicamente definida por esse critério de geração e manutenção próprios. Embora a autopoiese aplique-se plenamente desde à mais simples forma de vida unicelular até à Gaia, ela nunca foi explicada pelos princípios físicos. Dentro do contexto da holarquia, parece haver muito mais possibilidade de que ela venha a se tornar compreensível.

Ou considere o enigma da ontogenia, a criação da forma no desenvolvimento de um organismo. Brian Goodwin afirma que as teorias biológicas contemporâneas tendem a explicar apenas as condições necessárias. Os genes não podem ser completamente responsabilizados pela morfogênese dos organismos; o DNA é um determinante necessário, mas não suficiente, da forma. Uma explicação mais completa envolve três níveis potenciais de explicação, todas elas complementares, nenhuma delas contradizendo a outra: molecular (informação genética), estrutural (princípios dinâmicos da forma em sistemas vivos) e o surgimento criativo (implicando algo como um substrato de consciência). A primeira dessas explicações é bem aceita, sendo considerada por muitos cientistas como suficiente. A segunda é menos universalmente apreciada, mas geralmente seria considerada como um campo de estudo legítimo. A terceira é tipicamente considerada um absurdo vitalista, há muito tempo descartado pela comunidade científica predominante; no entanto, no contexto holárquico ela parece ser um fator essencial.

Há muitos outros exemplos. Quando as cientistas Lynn Margulis e Mae-Wan Ho começaram a observar bactérias modernas vivas, para não mencionar organismos maiores, e viram-nas reagir a mudanças ambientais por meio de mutações adequadas num prazo muito curto, pareceu impossível negar a inteligência e a intencionalidade. Considere o enigma do reconhecimento; é um pouco difícil perceber como essa capacidade pode ser explicada por um "programa" do DNA. Muitas outras formas de comportamento inatas (que costumavam ser designadas como "comportamento instintivo") também redundam em mistérios fundamentais. Acontece que, quando os dados relativos à evolução são examinados detalhadamente, o neodarwinismo pode ser questionado como um modo significativamente enganoso de considerar a natureza.

Ao conceituar e modelar o universo inteiro como uma holarquia contendo hólons menores numa co-criação contínua, a sua evolução inteligente e consciente faz muito mais sentido do que no velho modelo mecanicista de um universo não-vivo. Nessa concepção, a consciência não é considerada uma propriedade manifesta da evolução. Dentro dessa concepção, não há oportunidade para questionar como a consciência poderia surgir da inconsciência, e ainda mais do que a vida da não-vida.

Nós modernos relutamos em reconhecer a ciência ocidental como um artefato da cultura européia, em vez de o único e melhor caminho para a verdade. Mas estamos bastante conscientes de que se encontram perspectivas diferentes nas culturas orientais e indígenas. Realmente, não há uma razão válida para supor que a ciência reducionista em si mesma e por si mesma possa um dia oferecer uma compreensão adequada do todo.

Os objetivos deste livro

Este livro é um relato honesto das aventuras intelectuais dos dois autores à medida que íamos fazendo perguntas fundamentais. Ele incorpora idéias que recebemos de diversos amigos nossos. Basicamente, trata da questão sobre que tipo de ciência biológica seria melhor para todos nós e termina com um debate sobre as implicações de uma visão de mundo diferente da nossa abordagem dos problemas e dilemas sociais e globais.

Decidimos escrever este livro quase na forma de um diálogo, porque a informalidade desse estilo nos permitiria a liberdade psicológica para examinar alguns assuntos sobre os quais teríamos de ser mais cautelosos se a nossa exposição fosse mais formal. Além disso, escolhendo esse tipo de apresentação, tentamos transmitir parte da empolgação que sentimos ao estudar juntos esses assuntos. Esperamos que você "capte" isso também.

— Willis W. Harman
e Elisabet Sahtouris

Agradecimentos

Este livro existe por causa de uma idéia. Mas, igualmente, existe pelos esforços das muitas mentes, corações e mãos que ajudaram a dar a essa idéia a sua forma atual. *Biologia Revisada* beneficiou-se de uma longa série de conversas que trouxeram à tona as grandes questões a ser tratadas, indicaram temas férteis a serem estudados em profundidade e ajudaram a identificar inconsistências de interpretação e alternativas a idéias em desenvolvimento. Entre os colaboradores mais importantes contam-se os integrantes do Causality Project do Instituto, incluindo George Wald, Eugene Taylor, Roger Sperry, Arthur Zajonc, Michael Scriven, Lynn Nelson, Ilja Maso, Charles Laughlin, Robert Jahn, Brenda Dunne, Beverly Rubik, Harry Rubin, Richard Dixey, Mae-Wan Ho, Brian Goodwin, Richard Strohman e Vine Deloria, Jr. Em especial, o círculo mais amplo de colegas que assistiram ao simpósio "Consciousness in the Biological Sciences: Implications for the Biological Sciences of Recent Developments in Consciousness Research" forneceu material para reflexão. Entre os participantes do encontro (Ben Lomond, Califórnia, 1995) incluem-se, além de alguns dos indicados acima, Peter Corning, Christian de Quincey, Daniel Eskinazi, Bernard Grad, Gary Heseltine, Bruce Kirchoff, Kenneth Klivington, Nola Lewis, Andy Parfitt, Bruce Pomeranz, Glen Rein, Marius Robinson, Peter Russell, Rolf Sattler, Marilyn Schlitz, Linda Shepherd, Dennis Todd, Alan Trachtenberg e Jan Walleczek. Todos compartilharam generosamente a sua experiência e conhecimentos, tendo continuado as discussões bem depois de terminado o encontro.

A participação importante de Elisabet Sahtouris é reconhecida como a de co-autora; a sua curiosidade e o seu vigor intelectual foram um estímulo importante à medida que o diálogo e o projeto se desenrolavam. Vários rascunhos dos originais foram trocados pela Internet, observando-se os prazos finais, apesar das distâncias que muitas vezes eram globais.

Agradecemos a Richard Grossinger, Susan Bumps, Emily Weinert e Nancy Koerner, da North Atlantic Books, pela sua capacidade para entender a importância dessas idéias ainda na forma bruta e pela sua experiência confortadora em acompanhar os originais nas infinitas etapas necessárias para convertê-los em livro, e a Michael Schaeffer, pela sua habilidade como editor. O talento criativo de Adrienne Smucker traduziu instruções vagas — "aqui entra uma imagem" — em ilustrações claras das idéias fundamentais. Stephen Lieper e Jeanette Mathews ajudaram com toda a revisão, as correções e a atenção aos detalhes necessárias à publicação de um livro.

Estamos especialmente em débito com Laurance Rockefeller, The Fetzer Institute, Theodore Mallon, Bob Schwarz, David Moline, Marius Robinson, Lifebridge e a Seven Springs Foundation pelo seu apoio inicial ao Causality Project, assim como a esta obra. Com a sua capacidade visionária, eles perceberam o valor inestimável deste estudo e permitiram a Willis a oportunidade de concluí-lo nos seus últimos anos de vida. É uma dádiva que, acreditamos, dará frutos nos anos por vir.

Como diretora de Pesquisa, as idéias e comentários de Marilyn Schlitz foram de valor inestimável para dar forma ao Causality Project assim como a este livro. E por último, uma palavra especial de agradecimento a Nola Lewis, a quem Willis confiou a tarefa de apresentar *Biologia Revisada* ao mundo, para compartilhá-lo com os outros ao saber que a doença não lhe permitiria levar o empreendimento adiante por conta própria.

CAPÍTULO
UM

O Novo Contexto: De Mecanismo a Organismo

A história mostra que a mente humana, alimentada por acréscimos constantes de conhecimento, periodicamente desenvolve-se muito além dos seus invólucros teóricos, e os rompe separando-os em novas roupagens, enquanto o novo rebento, alimentando-se e crescendo, a intervalos, abandona a pele já estreita e assume outra, essa mesma temporária. [...] Uma pele de algumas dimensões foi trocada no século XVI e outra no final do XVIII, embora, nos últimos cinqüenta anos, o crescimento extraordinário de cada setor das ciências exatas tenha alastrado entre nós um material mental de um caráter tão substancioso e estimulante que uma nova ecdise parece iminente.

— T. H. Huxley (1863)

HARMAN:

Nós da sociedade moderna estamos vendo sinais de uma mudança fundamental no modo como entendemos a nós mesmos e no modo como nos relacionamos com o universo. Esses sinais estão se manifestando tanto na ciência quanto na cultura como um todo. Um bom lugar para examinar a questão parecem ser as ciências biológicas. Os biólogos foram extremamente bem-sucedidos ao empregar o paradigma reducionista, centrado na técnica de predição e controle, da ciência ocidental na biologia molecular e na biotecnologia. Eles exerceram, por meio dos conceitos neodarwinistas da evolução, uma forte influência sobre toda a "história" moderna do nosso mundo. Ainda assim, estou impressionado com o fato de que, das sete indagações principais consignadas pelas ciências biológicas, diversas explicações aceitas estejam hoje sujeitas a um grave questionamento.

Uma ciência se define pelas perguntas que faz. Entre as muitas perguntas e problemas de que tratam as ciências biológicas, um punhado deles permanece como especialmente básico à investigação. Entre esses destacam-se:

1. O que é responsável pelo *surgimento da vida?* Como os sistemas vivos apareceram de material não-vivo?
2. Como os organismos *se reproduzem* (e transmitem características à sua descendência)?
3. Como as formas de vida superiores *evoluíram?* O que é responsável pela inovação no processo evolutivo?
4. Como os organismos *se desenvolvem?* Qual é a explicação para a forma (estrutura e comportamento)?
5. Como os organismos *se reconhecem* em oposição aos outros? (E como reconhecem outros, como companheiros potenciais das mesmas espécies ou parceiros da mesma colônia?)
6. Como eles *sentem* (o problema da noção da consciência)? Quando, onde e como, no processo evolutivo, aparece a consciência?
7. Como podemos explicar o *aparecimento da finalidade* (teleologia) em todo o mundo biológico?

As respostas a algumas dessas perguntas, pelo menos, parecem estar em processo de revisão na atualidade. Comecemos com o surgimento da vida. O aparecimento espontâneo de certas substâncias químicas orgânicas quando são estabelecidas condições de laboratório para simular as condições na Terra no período anterior à vida tem, durante o último meio século, alimentado a esperança de que os cientistas poderiam estar a apenas alguns passos da criação da vida. Ainda assim, o abismo entre o não-vivo e o vivo perma-

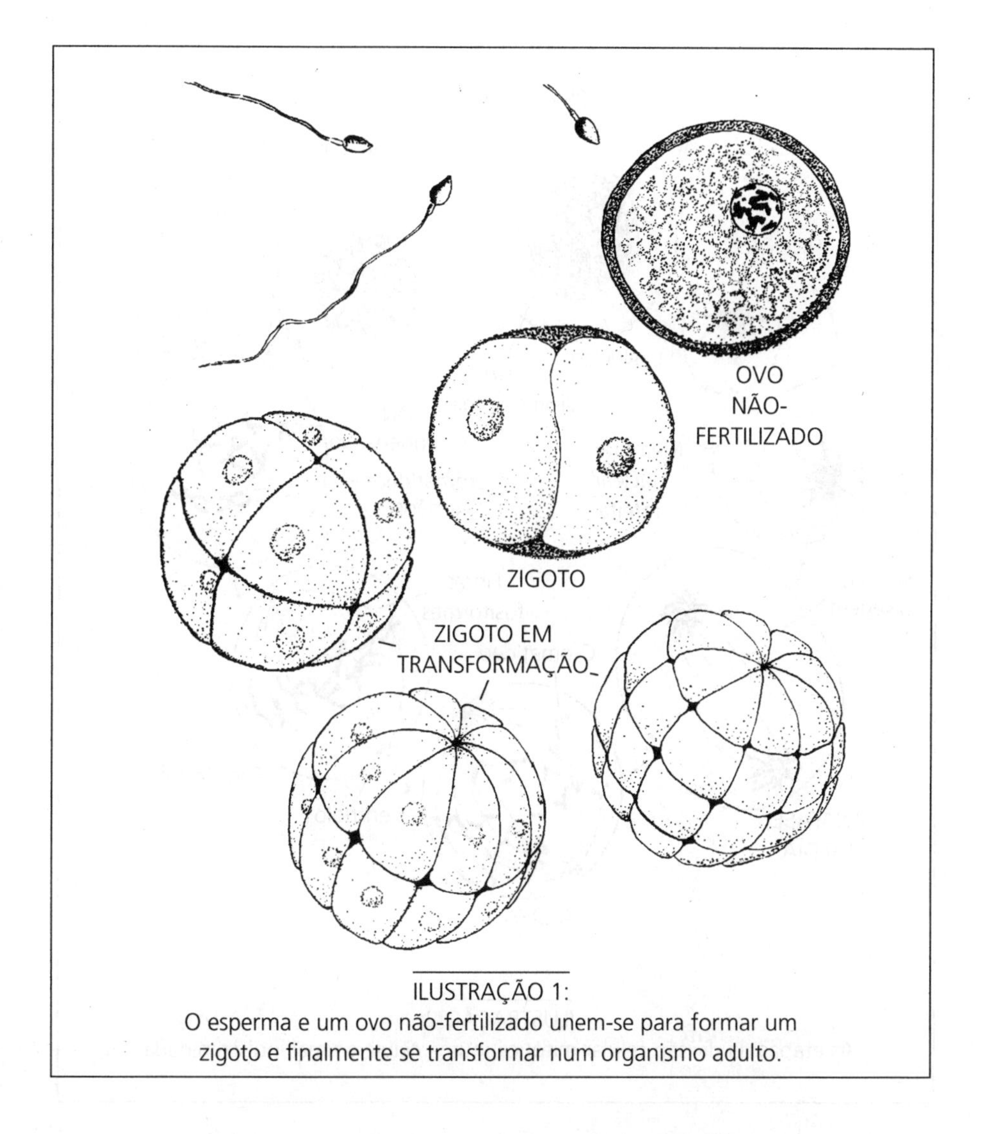

ILUSTRAÇÃO 1:
O esperma e um ovo não-fertilizado unem-se para formar um zigoto e finalmente se transformar num organismo adulto.

nece não-transposto e envolto em mistério. Aumenta a dúvida de que terão sucesso as tentativas de explicar a origem da vida apenas com base na criação ao acaso de moléculas complexas.

O problema da reprodução costuma ser considerado amplamente resolvido, principalmente pelas inovações conceituais de Gregor Mendel e da equipe de Watson e Crick. Por volta de 1920-30, com o estímulo do mendelismo e da ciência bioquímica em desenvolvimento, os biólogos começaram a perceber que muitas das propriedades de organismos em crescimento e adultos em parte se devem à presença, tanto no óvulo original fertilizado

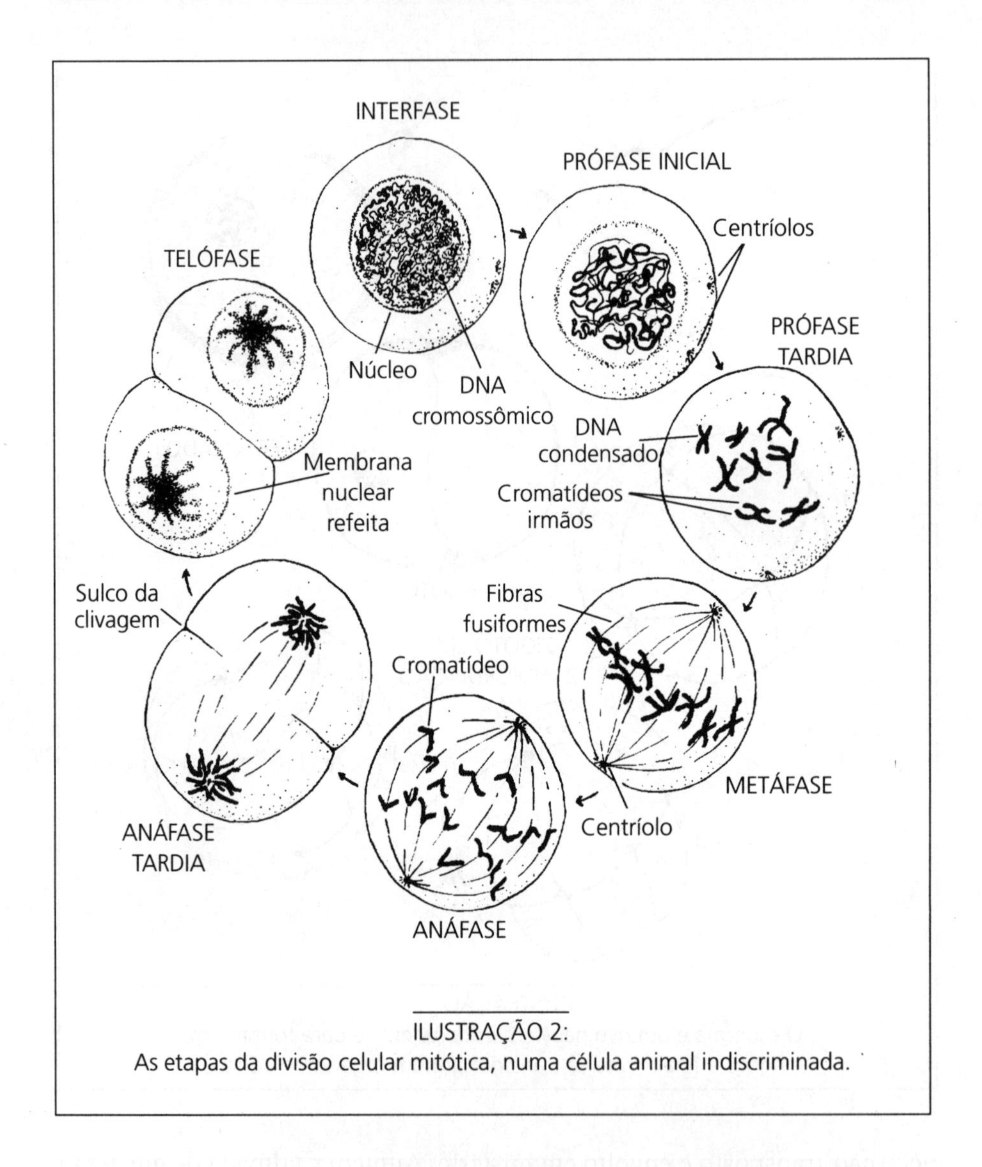

ILUSTRAÇÃO 2:
As etapas da divisão celular mitótica, numa célula animal indiscriminada.

(zigoto) como em toda célula dele resultante, de minúsculas unidades de substâncias químicas que possuem uma estrutura altamente específica (RNA, DNA). Essas substâncias carregam as informações hereditárias; elas se dividem e se reproduzem quando as células se dividem no processo de criar o novo ser adulto; elas transmitem as informações aos gametas (esperma e óvulo) quando esses se unem para formar o zigoto. Ainda assim, uma questão fundamental subsiste. O fenótipo (a caracterização total do organismo adulto) geralmente é considerado como sendo determinado pelo genótipo (a verdadeira constituição genética) e significativamente influenciado pelo ambiente no qual o organismo se desenvolve. Mas será isso suficiente para explicar, por exemplo, os complexos padrões instintivos de proteção e reprodução?

Os mecanismos da evolução também são considerados amplamente compreendidos, embora os mistérios locais e fundamentais subsistam, como eu gostaria de analisar adiante.

Muito se conhece sobre os mecanismos envolvidos na morfogênese, o processo pelo qual o zigoto se transforma por meio de uma sucessão bem-definida de fases até chegar à forma adulta. Parece bastante bem estabelecido que esse processo de nenhuma maneira pode ser controlado diretamente apenas por algum tipo de código do DNA. Enquanto o zigoto original unicelular divide-se reiteradas vezes e o embrião começa a se formar, cada uma das células torna-se sujeita a moléculas morfo-reguladoras que controlam a adesão e o movimento. Partindo de uma pequena bola de células idênticas, os descendentes dessas células se deslocam e se reúnem de várias maneiras, até que acabam diferenciados em coisas como células do fígado e células musculares e neurônios. A maioria das teorias do desenvolvimento embrionário nos últimos setenta anos tentou chegar a uma explicação da noção de informação posicional — a idéia de que a localização atual de uma célula e a sua atividade atual oferecem grande parte das informações sobre o que deve ser feito em seguida. As metáforas de "campo", "gradiente" e "ondas espaciais" da concentração química dominaram a embriologia. Ainda assim, apesar de muito se conhecer sobre os mecanismos detalhados, o princípio de ordenação por trás dos mecanismos é ainda desconhecido. O enigma da morfogênese continua sendo um dos enigmas básicos da biologia.

O reconhecimento, nos níveis molecular e celular, é compreendido em termos de formação de anticorpos. O que equivale a dizer que, até mesmo no nível celular, eu sei quem sou e posso reconhecer uma célula estranha que seja "não-eu". O sistema imunológico do corpo é capaz de reconhecer o tecido como sendo do seu próprio organismo ou de outro organismo. Os glóbulos brancos do sangue fazem o trabalho surpreendente de reconhecer invasores de vários tipos. Isso é bem formidável, mas conhecer o mecanismo (anticorpos) não soluciona todo o mistério. Como os organismos reconhecem o sexo oposto da própria espécie na época do acasalamento é outro mistério. Os feromônios — que atraem pelo cheiro — desempenham o seu papel, mas o poder elucidativo desse mecanismo mal explica os fenômenos observáveis.

Como acontece com relação à consciência, esse mistério parece estar de algum modo no centro de todos os outros. E a intencionalidade, o surgimento da finalidade, talvez fosse mais bem considerada como parte do mes-

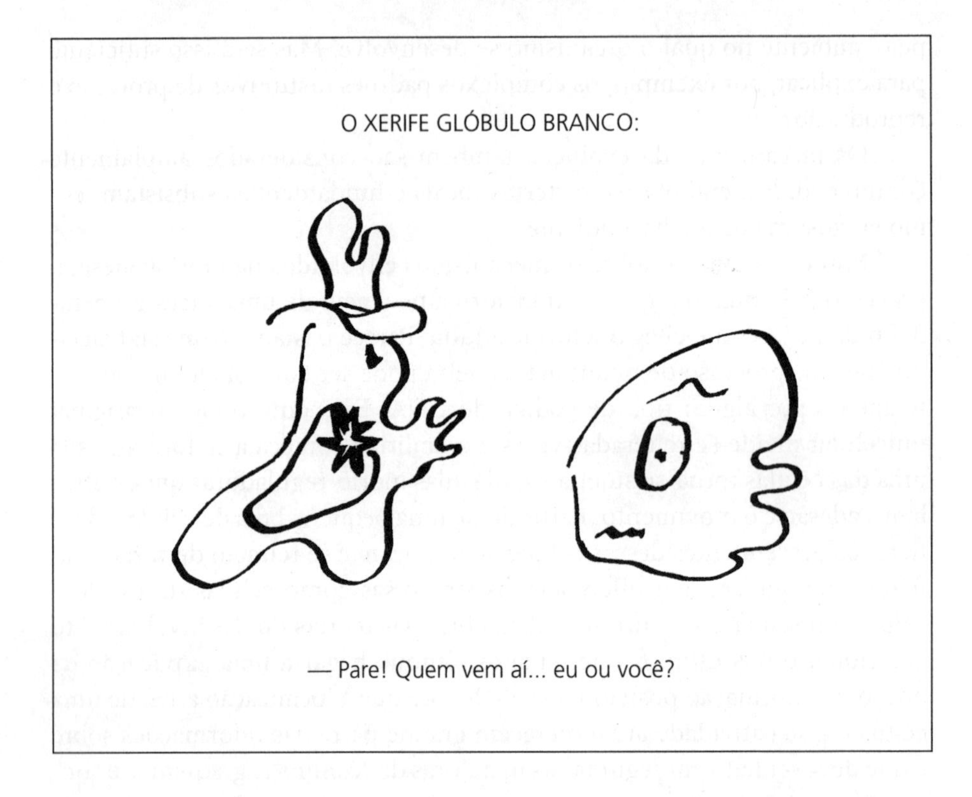

mo enigma. Cada vez fica mais evidente que o tratamento adequado da questão da consciência não é algo que os cientistas conseguirão resolver com o tempo; esse é um desafio básico que a ciência ocidental deve tratar como um todo. De alguma maneira, terá de haver uma acomodação mais satisfatória da "consciência como uma realidade causal" (para usar a frase inteligente de Roger Sperry, laureado com o Prêmio Nobel); isso com certeza terá implicações importantes para as ciências biológicas. Tudo isso sugere que as mudanças revolucionárias irão acontecer no campo da biologia e que essas mudanças poderão ter profundas implicações na sociedade.

SAHTOURIS:

Acredito que essas mudanças estejam realmente acontecendo. A biologia é uma boa parte de toda a mudança de ênfase na ciência, de mecânica para orgânica. Mais de um observador mostrou que a biologia e a física estavam em dois trens correndo em trilhos paralelos mas em direções opostas — a física indo para uma visão de mundo no campo quântico no qual o cosmo é algo contínuo, fluido e auto-organizado, com uma consciência integral, primária e causativa, enquanto a biologia seguia com persistência igual pelo caminho reducionista e mecanicista estabelecido por Newton, no momento concentrado na microbiologia.

Mas tudo isso está mudando muito depressa. O nosso crescente entendimento dos sistemas vivos de fato está nos pressionando para reconceituar a biologia satisfatoriamente. Temos de nos perguntar de novo como imaginar o processo da vida por inteiro, dos sistemas vivos, e como proceder de maneira mais proveitosa no nosso estudo deles. E conforme você diz, esses avanços revolucionários devem provocar um impacto profundo na sociedade.

É claro que a ciência sempre influenciou profundamente a sociedade; poder-se-ia até mesmo arriscar a dizer que ela fez muito mais do que qualquer outro empreendimento humano, uma vez que alterou tudo o que existe na sociedade. Mas a nossa nova idéia é de que os cientistas em geral e os biólogos em particular, com todas as suas teorias e descobertas experimentais, existem como um componente influente do sistema vivo maior de toda a cultura humana, que por sua vez está incluído no vasto sistema vivo e complexo do nosso planeta. Os biólogos, na verdade todos os cientistas, vivem num universo participativo. Isso significa deixar radicalmente para trás a velha noção do cientista como um observador objetivo — isto é, distante —, livre de valores e ocupado em explicar "como as coisas são".

Para mim, é empolgante reconhecer que as ciências biológicas são capazes de influenciar a dinâmica das mudanças da cultura humana. A biologia resultante poderia fornecer de fato a base para reorganizar a sociedade humana mais holisticamente, e para resolver os nossos problemas mundiais mais urgentes, usando as informações acumuladas pelo nosso planeta em mais de 5 bilhões de anos de experiência evolutiva. Ela pode, e eu acredito que deve. Como disse Roger Sperry, "No contexto atual do agravamento da situação global e das ameaças ao nosso futuro, talvez a característica mais importante da nova perspectiva delineada para a ciência seja a de estipular uma fórmula para a sobrevivência a longo prazo, com alta qualidade, e uma saída para a nossa situação mundial".

As novas ciências da complexidade e do caos nos ensinaram a procurar um padrão global em vez de apenas especificidades reducionistas. Temos procurado estas tão avidamente que perdemos a floresta por causa das suas árvores — ou então por causa dos estômatos das suas folhas e dos pêlos das suas raízes. Para realmente fazer uma idéia dessa transição de máxima importância na biologia e em outras ciências, eu gostaria de considerar o contexto no qual a ciência se desenvolveu, pois o contexto é um guia para entender os fenômenos; o contexto nos dá a explicação e o significado.

Considere a ciência como uma atividade humana surgida de perguntas básicas do tipo "Quem somos?", "De onde viemos?", "Para onde vamos?" A nossa necessidade de nos oferecer um quadro de referência, de nos orientar no nosso mundo, no nosso cosmo, e de guiar as nossas ações dentro dele são coisas tão naturais e necessárias à nossa vida como o nascimento e a respiração. Na nossa necessidade de ordenar as complexas concepções incessantes que parecem vir tanto de dentro de nós quanto de fora, de dar ordem e significado à vida, criamos visões de mundo e culturas humanas que incluem a religião, a ciência, a economia, a política, a arte e a ética, com todos os seus conceitos, regras e modas ao longo do tempo e em todos os lugares. As nossas visões de mundo nos inspiram a ação, determinam a nossa segurança e guiam a nossa flexibilidade, tanto como pessoas quanto como culturas. Defendemo-las uns contra os outros, às vezes até a morte; também somos capazes de mudá-las em resposta a novas situações ou informações.

Estabelecidas assim as coisas, as nossas principais metáforas para a vida e o universo em geral vêm da mecânica inventada por nós. Discutimos o mecanismo da natureza e estendemos a metáfora para além da ciência, para os nossos sistemas socioeconômicos, que esperamos conduzir como "máquinas bem lubrificadas".

Na realidade, o bem-estar e o progresso humanos são medidos em termos da transformação tecnológica do mundo natural para uso humano; a ciência tem como fundamento básico ajudar nesse processo. Tudo isso por sua vez influenciou os tipos de pesquisa que podem ser fundados pelos cientistas e pelos tipos de resultados que eles obtêm. Ainda assim, não foi fácil os cientistas verem as restrições assim impostas à sua apreciada liberdade.

De onde veio a nossa concepção científica do mundo? Historicamente, a ciência esteve ligada desde o início a esse conceito de controlar o mundo natural por meio de máquinas. Neste tempo de precipitações, Descartes estabeleceu a visão de mundo científica na qual Deus não só era um matemático, como nas concepções de Platão e Galileu, mas também o Grande Arquiteto, inventando todo o mecanismo da natureza e dando ao homem — aparentemente o seu robô favorito — um bocado da mente divina, de modo que ele também pudesse inventar algum mecanismo. Por mais estranho que isso pareça agora à maioria de nós, era uma concepção satisfatória das coisas, do ponto de vista lógico, e persistiu até o presente na visão de mundo de alguns pensadores famosos, como Buckminster Fuller, e biólogos. Ao derrubar Deus da sua cosmologia como uma hipótese desnecessária, os cientistas mudaram essa visão de mundo para outra que é, na realidade, incompleta do ponto de vista lógico. A ciência ocidental deu um salto rumo ao ilógico ao considerar que o mecanismo da natureza pudesse se formar sem um inventor, por acidente, num mundo sem propósito determinado dentro de um universo em última análise condenado. Não é de surpreender que essa concepção científica de um universo sem sentido tivesse conseqüências sociais óbvias, como o movimento existencialista e a ascensão atual do fundamentalismo, com a sua objeção às explicações científicas da evolução.

Da perspectiva de qualquer outra época ou cultura, ou de grupos contemporâneos como os fundamentalistas ou os criacionistas, uma cosmologia que parte do pressuposto de que os seres vivos são considerados aglomerados acidentais de partes fundamentalmente não-vivas, que funcionam como um mecanismo maravilhosamente complexo, não é nem adequada nem satisfatória. Essa é uma visão de mundo que viola as nossas próprias definições elementares de mecanismo até mesmo como construções intencionais, com um propósito definido, e desconsidera o óbvio: que o mecanismo não dá em árvores. Ela também viola os cálculos da teoria da probabilidade relativos às nossas estimativas do total de matéria universal e ao tempo em que ela existe. Assim, até mesmo nos círculos científicos, consideramos essa história da criação cada vez mais estranha e insatisfatória. Na realidade, acho que estamos rapidamente chegando a ponto de não querer que ela seja mais ensinada nas nossas instituições de ensino superior.

É interessante notar aqui que o conceito de um universo "não-vivo" foi inventado para a visão de mundo dualística da ciência ocidental por Descartes e nunca, segundo o meu conhecimento, apareceu em nenhuma outra cultura histórica ou contemporânea. Ela parece ter feito sentido graças ao entusiasmo precipitado com relação aos mecanismos não-vivos inventados naquela época — uma fascinação pelos nossos próprios dispositivos que nos fizeram projetá-los no universo inteiro.

Recordo-me que, na época em que éramos alunos graduados, nos ensinaram que o "antropomorfismo" — projetar características humanas nos seres vivos, especialmente outros animais — era uma heresia, ao mesmo tempo que nos exigiam aprender e professar o que, embora tivesse um nome na época, eu vim a chamar de "mecanomorfismo" (um termo que, descobri depois, também era usado pelo historiador Morris Berman) — a projeção de características mecânicas em animais e em toda a natureza. A mecânica é uma invenção apenas de uma espécie, do homem ou *anthropos*, raciocinei, e assim o mecanomorfismo esperado de nós era realmente um tipo de antropomorfismo de segunda mão e, portanto, até pior! Como pudemos, nós, humanos, projetar as características das nossas invenções antropomorfas sobre toda à natureza, sobre todo o universo? Não seria mais provável que a natureza em geral fosse naturalmente mais parecida conosco, seres evoluídos, do que com as nossas máquinas?

A biologia é o estudo da vida, o que na visão de mundo científica ocidental significa os sistemas vivos sobre a superfície da Terra. A própria Terra em si é tida como matéria não-viva, estudada por geólogos, químicos e físicos. As tarefas da biologia, que agora incluem subciências como a genética, a fisiologia, a microbiologia e a ecologia, têm sido explicar (simplificando um pouco a lista dada anteriormente): 1) como a vida se originou da ausência de vida; 2) como ela evoluiu e se especializou com o passar do tempo; 3) como os seres se desenvolvem e funcionam; e 4) como as espécies se relacionam. Os métodos da biologia foram amplamente adaptados a partir das outras ciências: isolando partes e funções como se estivesse pesquisando mecanismos.

Com a mudança atual de mecânica para orgânica, a pesquisa biológica está sendo vista por um ângulo diferente. Eu acredito que a nova biologia assumirá uma outra tarefa muito excitante: entender como o sistema vivo, que é a nossa rapidamente globalizante cultura humana, evoluiu historicamente dentro do sistema vivo planetário, como ela funciona e como entender suas crises do ponto de vista biológico. Foi isso o que Jonas e Jonathan Salk (1981) tentaram e esperaram promover entre outros biólogos.

Todos concordamos que o nosso mundo está em crise no momento — dos pontos de vista ecológico, econômico, demográfico, político, espiritual, cultural — para onde quer que se olhe. Para muitos, isso é avassalador; simplesmente não conseguimos ver uma saída para tantos problemas vindos de tantas direções. Mas será que eles realmente se originam de causas diferentes e apenas coincidem por acaso? Ou será que compartilham um fator comum ou uma unidade subjacente que podem nos ajudar a encontrar um sentido para todos eles?

Considere que todos esses problemas existem nos sistemas vivos, e que a visão de mundo científica ocidental que amolda a cultura mundial não foi orientada para a compreensão de sistemas vivos por si mesmos. Ao contrário, ela os tem considerado como sistemas mecânicos, essencialmente como os dispositivos tecnológicos inventados do nosso mundo industrial e pós-industrial. Até mesmo as "leis da natureza" descobertas pela ciência encontraram a sua confirmação mais na intrepidez tecnológica do que na sobrevivência próspera e feliz da nossa espécie.

Do meu ponto de vista como biofilósofa, a nossa concepção científica tanto da natureza quanto das instituições humanas como mecanismos, e os nossos esforços para "projetar" a sociedade humana nesse molde como um mecanismo político e econômico, cegou-nos para a natureza do sistema vivo que somos. Como resultado, temos uma ciência maravilhosa para desenvolver a tecnologia, mas não ainda uma ciência boa para desenvolver um sistema vivo saudável, ecologicamente sadio e humanamente sustentável.

Por que será que as ciências biológicas foram relegadas a uma cidadania de segunda classe dentro da visão de mundo mecanicista reducionista da física clássica? Terá isso acontecido por um acidente histórico que deu forma a toda a ciência? O que teria acontecido se Galileu tivesse examinado, através das lentes de um microscópio, as coisas vivas, em vez de olhar pelo telescópio para o céu, que desde a Grécia antiga era considerado como uma mecânica celestial? Talvez a biologia tivesse se tornado a ciência mais importante e a física precisasse se ajustar a um conceito ou modelo de um universo vivo com leis de natureza viva. Talvez tivéssemos então hoje uma compreensão muito melhor da natureza não-mecânica dos sistemas vivos. Mas, na época de Galileu, a compreensão da natureza viva estava perdendo terreno em razão da sua associação com as mulheres acusadas de feitiçaria, e os homens começavam a se preocupar com a tecnologia, na qual a física era muito mais útil.

Historicamente, então, a biologia teve de se conformar em ser como uma ciência de menor importância nos paradigmas da física. (Considere, por exemplo, a noção de "entropia inversa", que teve de ser cunhada para ajustar os sistemas biológicos a um modelo físico global.) Só agora, quando o nosso mundo é cada vez mais considerado como um sistema vivo em extinção, podemos esperar que a biologia encontre o seu lugar e exerça a sua tão necessária influência.

HARMAN:

Essa é uma idéia das mais intrigantes, que a biologia e não a física deva ser a ciência de base. Se a ciência começasse com a biologia, pareceria uma coisa natural ocupar-se do todo antes das partes. Conceitos holísticos, como os de organismo e sistemas ecológicos, seriam os pontos de partida, em vez de "partículas fundamentais" distintas. A questão para nós não seria a grande surpresa de descobrir, pelas revelações da física quântica, que tudo está interligado; antes de mais nada, ninguém nunca teria presumido a separação.

Além disso, os humanos são sistemas vivos, e não há uma demarcação nítida entre nós e os outros organismos. Não há nenhuma razão para duvidar de que o tipo de funções mentais que encontramos em nós mesmos seja semelhante às funções mentais de outros animais — como qualquer pessoa que tenha um animal de estimação é capaz de testemunhar. Talvez isso se estenda até mesmo para as plantas. Há uma quantidade surpreendente de evidências (quase totalmente negligenciadas por cientistas acadêmicos) indicando que as plantas têm um propósito e participam de relações psíquicas e emocionais com os ambientes — incluindo os humanos (Peter Tompkins e Christopher Bird, 1973).

Uma vez que as nossas experiências mentais interiores incluem o nosso contato mais direto com a realidade maior, sendo as informações dos sentidos físicos de certo modo secundárias e indiretas, a consciência seria naturalmente de interesse central no estudo biológico. Não haveria nenhuma razão para considerá-la epifenomenal, a ser explicada em termos de funções físicas. Isso tem ramificações fascinantes.

SAHTOURIS:

Sem dúvida nenhuma! Ensinaram-nos que o nosso planeta e todos os seus seres vivos não eram conscientes ou inteligentes antes de os seres humanos aparecerem. Ensinaram-nos a considerar a natureza como se realmente fosse uma montagem de partículas em partes e de partes num todo, como uma máquina. Chegamos até mesmo a falar em compor um cérebro global a partir de cérebros de humanos, como se esses nossos cérebros fossem conjuntos de neurônios reunidos como circuitos integrados de um computador. Não faria mais sentido pensar neles como a parte predominante de sistemas nervosos gradualmente evoluídos que começaram com malhas neuronais extremamente simples e que foram se tornando mais completos a cada fase evolutiva até chegar a nossa, sempre em derivação ontogenética a partir de uma única célula? Está na hora de colocar esses conceitos numa nova perspectiva, com a mudança de ênfase de mecânica para orgânica, de reducionismo para uma concepção holística ampliada de sistemas vivos, incluindo a Terra como Gaia (James Lovelock, 1979) e os modelos pós-darwinianos de evolução inteligente.

HARMAN:

A armadilha dualística básica em que a ciência ocidental foi apanhada, conforme Ken Wilber em especial enfatizou, é a de considerar o sujeito fazendo o mapa como algo separado do mapa. Partindo da física, como fez a ciência ocidental, foi possível realizar muita coisa sem ter de se preocupar muito com a armadilha dualística. Contudo, caso se comece pela biologia, a história é outra; a armadilha está à sua frente desde o início. Obter um mapa mais preciso (mais holístico, mais em termos de "sistemas") não resolve o problema. Ao contrário, devemos perceber que os pensamentos não são apenas uma reflexão sobre a realidade, mas também são um movimento da própria realidade. O cartógrafo, o eu, o pensamento e o objeto do saber são de fato um produto e um desempenho daquele que busca conhecer e representar. A nova ciência de que precisamos tanto transcenderia quanto incluiria a ciência que temos.

SAHTOURIS:

Enfaticamente, sim! E esse conceito de transcendência será muito importante para a nossa discussão sobre como podem ser consideradas a inteligência e a consciência como aspectos fundamentais de todos os seres ou sistemas vivos. Eu gostaria de propor que voltássemos a conceitos até mesmo mais básicos do que os de organismo e ecossistema para encontrar o nosso ponto de partida para a nova biologia.

No entanto, primeiro reconheçamos que os modelos, as metodologias e as perspectivas surgidas na biologia esclareceram de um modo inteiramente novo as perguntas fundamentais da biologia a que nos referimos anteriormente. As características essenciais que considero capazes de entrar nessa nova biologia são:

1. *autopoiese*, ou autocriação, como a definição básica da vida;
2. a compreensão dos sistemas vivos como incluídos em outros sistemas vivos, inteiramente, desde o microcosmo até o macrocosmo — chame-os hólons dentro de holarquias, para usar a terminologia elegante de Arthur Koestler;
3. a aceitação de uma realidade plurinivelar, incluindo muito mais do que o nosso mundo quadridimensional — uma realidade na qual a consciência e os campos mórficos, por exemplo, não só são campos legítimos de pesquisa, mas potencialmente aspectos fundamentais da estrutura epistemológica e ontológica da biologia; e
4. o reconhecimento de processos inteligentes operando em evolução (filogenia) e no desenvolvimento do organismo individual (ontogenia).

Obviamente, isso representa uma revisão muito fundamental, embora o conhecimento biológico adquirido dentro da antiga estrutura permaneça em grande parte tão válido quanto o conhecimento da física obtido na estrutura newtoniana depois que Einstein e outros ampliaram o domínio da física para a relatividade e os campos quânticos.

Espero que esta discussão permita-nos colocar sob uma perspectiva elucidativa a rápida evolução conceitual e prática pela qual a biologia está passando.

HARMAN:

Se você estiver certa quanto a essa "revisão básica" estar acontecendo (ou estar prestes a acontecer), isso realmente chega a ser uma "revolução holística" nas ciências biológicas.

Mas você delineou muita coisa a ser estudada; talvez tenhamos de considerar um pouco de cada vez. Comecemos pelos hólons. Essas palavras "hólon" e "holarquia" não se tornaram propriamente parte da linguagem comum, embora Arthur Koestler tenha-as apresentado muitos anos atrás; você incorporou-as ao seu trabalho (1989) e Ken Wilber adotou-as para a explanação que fez sobre "como as coisas são" (1995).

Você e Wilber recomendaram a postura ontológica (que se ajusta a uma extensa gama da existência humana) de considerar a realidade como um composto de "hólons", cada um dos quais é um todo e simultaneamente uma parte de algum outro todo. Não há nada que não seja um hólon. (Por exemplo, átomo → molécula → organela → célula → tecido → órgão → organismo → espécie → ecossistema → Terra → galáxia, todos eles são hólons.) De acordo com Wilber, uma das características de um hólon em qualquer âmbito é a sua *atividade*, ou a sua capacidade para manter a sua própria integridade em face das pressões ambientais que de outro modo o obliterariam. Ele precisa se ajustar simultaneamente como uma parte de uma outra coisa, com as suas *comunhões* como parte de outros todos. Essas são as aptidões "horizontais" do hólon.

As suas aptidões "verticais" são a *autotranscendência* e a *autodissolução*. Um hólon pode se decompor em outros hólons e num certo sentido deixar de existir. Mas todo hólon também tem a tendência de se unir a outros para o surgimento de hólons novos e criadores. A evolução é um processo profundamente autotranscendente; ela tem a capacidade totalmente surpreendente de ir além do que foi antes. O impulso para a autotranscendência parece estar entranhado no próprio tecido do universo. O impulso autotranscendente produz vida a partir da matéria e a mente a partir da vida.

Os hólons relacionam-se "holarquicamente". (Esse termo parece aconselhável porque a "hierarquia" tem má fama, principalmente porque as pessoas confundem a hierarquia natural [inevitável] com a hierarquia da dominação [patológica].) Em geral, no caso de qualquer hólon dado, as *funções e finalidades* vêm de níveis mais distantes na holarquia; as *aptidões* dependem do nível seguinte nela. Não existe uma holarquia exclusiva para um determinado hólon; para uma finalidade pode-se referir a organismos dentro da mesma espécie, e para outra finalidade, a organismos dentro de comunidades. Alguns hólons podem parecer não ter uma função com respeito ao hólon seguinte — parasitas num organismo maior, por exemplo — ainda que possam ter uma função em algum hólon mais adiante, como o ecossistema.

Nesse tipo de imagem da realidade, o cientista-hólon procurando entender o universo encontra-se numa posição intermediária. Olhando internamente para a holarquia (ou para o mesmo nível, nas ciências sociais) e estudando-a com espírito científico de investigação, fica imediatamente óbvio que a epistemologia adequada, ou o modo da investigação, é a *participativa*. Quer dizer, ela reconhece que a compreensão não resulta apenas do distanciamento, da objetividade, da análise e frieza clínica, mas também da cooperação ou da identificação com o que está sendo observado e a capacidade para vivenciá-lo subjetivamente. Isso implica uma verdadeira parceria entre o

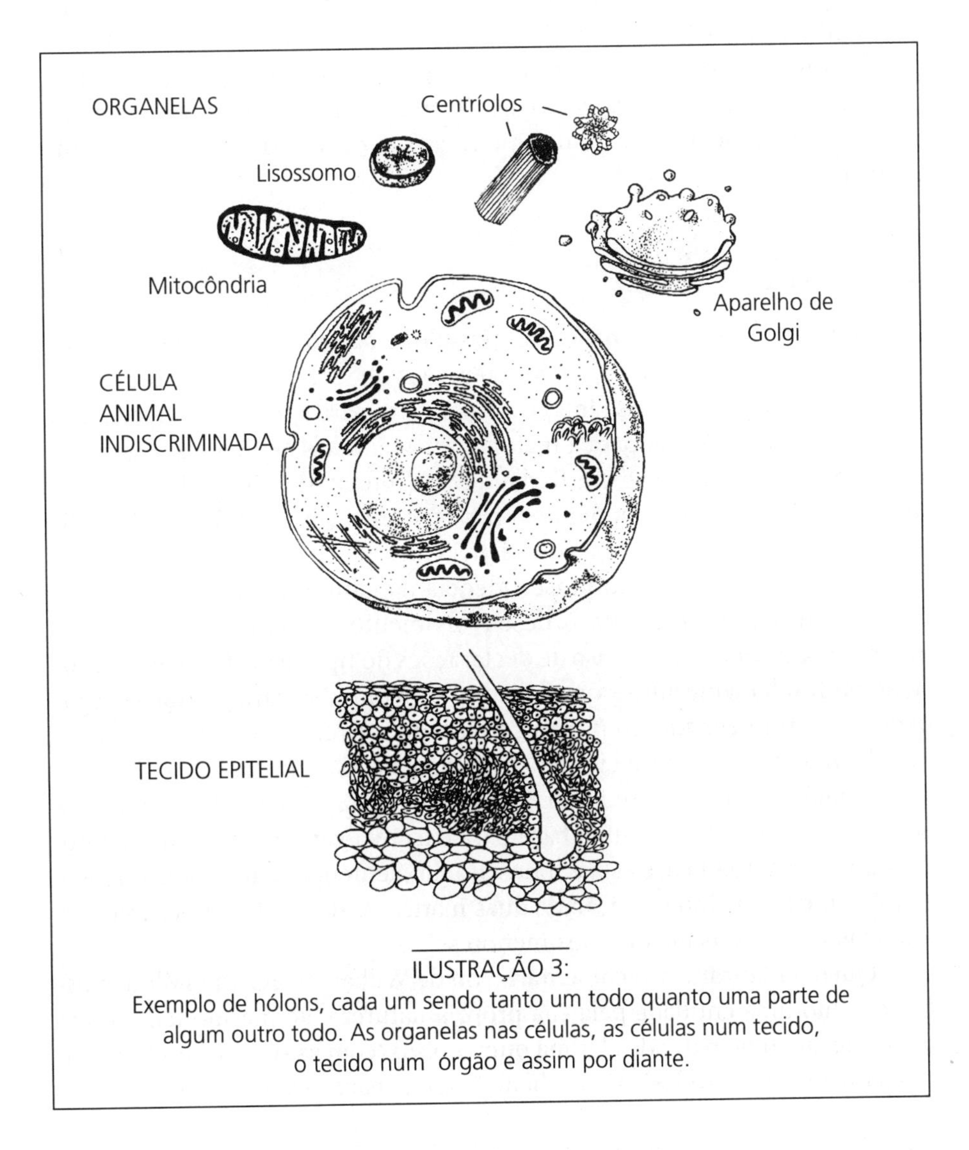

ILUSTRAÇÃO 3:
Exemplo de hólons, cada um sendo tanto um todo quanto uma parte de algum outro todo. As organelas nas células, as células num tecido, o tecido num órgão e assim por diante.

investigador e o fenômeno, o indivíduo ou a cultura que estejam sendo pesquisados — uma atitude de "estudar junto" e de compartilhar os conhecimentos.

Olhando a holarquia externamente, parece claro que a epistemologia adequada envolve uma concepção holística na qual as partes são compreendidas pelo todo. Por exemplo, essa epistemologia reconhece a importância de significados subjetivos e culturais em toda a existência humana — incluindo vivências, assim como algumas impressões religiosas ou de relacionamentos pessoais, que parecem ter um significado especialmente valioso, embora possam ser inexprimíveis. Numa concepção holística, essas vivências significativas não serão explicadas pela sua redução a combinações de vivências mais simples ou a eventos fisiológicos ou bioquímicos. Ao contrário, numa abordagem holística, os significados das vivências podem ser entendidos pela descoberta das suas interligações com outras vivências significativas.

SAHTOURIS:

Esse conceito de parceria entre o pesquisador e o fenômeno é muito interessante e importante. Os meus amigos cientistas que são indígenas norte-americanos dizem que têm de se integrar à natureza para aprender com ela, mas essa é uma idéia insólita para a maioria dos cientistas ocidentais. Ainda assim, acontece — eu penso em Barbara McClintock identificando-se com o seu milho, Jonas Salk aprendendo a pensar como um vírus, Lynn Margulis descobrindo a inteligência e a consciência das suas bactérias.

Toda a questão da autotranscendência na natureza, na evolução, é extremamente importante para o desenvolvimento do nosso novo modelo, mas precisamos registrar o caso de declarações do tipo "a evolução é um processo profundamente autotranscendente" e "o impulso para a autotranscendência está impregnado no próprio tecido do universo". Essas declarações são claramente incompatíveis com a biologia neodarwinista.

Vamos continuar estudando em primeiro lugar esse modelo de hólons em holarquia, que nos dá uma base para desenvolver o nosso pensamento. A importância dessa base está em nos ajudar a entender a interdependência e outras formas de inter-relação de duas maneiras: dos menores aos maiores sistemas vivos e dos maiores aos menores.

Quero enfatizar o seu comentário, ou de Wilber, de que um hólon, existindo como uma entidade pela sua própria natureza, ao mesmo tempo tem de se ajustar como parte de alguma outra coisa, "com as suas comunhões como parte de outros todos". Esse é bem o caso e, para explicar como isso funciona, adotei o conceito de coerência mútua a partir da "dinâmica da puxadeira"[2], que nos lembra o fato de que nenhuma parte, por menor que seja, é mais fundamental que qualquer outra e todas as coisas, de certo modo, criam umas às outras. Essa é uma idéia muito útil para o mundo da biologia também, uma vez que se pode demonstrar que os organismos ou sistemas vivos em holarquias delimitam-se uns aos outros à medida que co-evoluem.

Cada hólon, como indivíduo, desfruta de uma relativa autonomia (literalmente, do grego, "direito de reger-se segundo leis próprias"), mas se confronta com a autonomia do hólon maior subseqüente conforme a sua própria "holonomia" (lei do todo)[3]. Assim, cada hólon cuida dos seus próprios interesses e da sua integridade, mas, uma vez que os hólons maiores nos quais ele está incluído fazem o mesmo, a autonomia de todos os hólons é constrangida pela sua holonomia (equivalente à autonomia dos hólons maiores subseqüentes). Nessa situação, a holarquia inteira tem de necessariamente encontrar uma coerência mútua entre os seus hólons se quiser sobreviver.

O modo como essa negociação infinita de interesses próprios funciona em cada nível, ou em cada hólon aninhado, pode ser considerado como a procura do equilíbrio dinâmico ou da coerência mútua pela negociação entre as partes e os todos, ou melhor, entre os hólons e as holarquias. Na relação entre duas pessoas a que chamamos de um casal, por exemplo, há três hólons: duas pessoas e o próprio casal. Juntos, eles constituem uma holarquia, uma vez que o casal é maior que as duas pessoas "incluídas" dentro dele (sem nenhuma intenção de trocadilho!). A integridade de cada pessoa tem de ser negociada eternamente com a integridade do casal, buscando a sua própria integridade ou autonomia. Desde a época dos gregos antigos ironizamos os problemas da vida em casal dizendo que "não se pode viver com eles e não se pode viver sem eles". Existe uma tensão criativa exigindo infinitamente solução no sentido do equilíbrio dinâmico da coerência mútua. A meu ver, os hólons que não estabelecem coerência mútua com os hólons circunvizinhos são isolados ou eliminados, a menos que sejam capazes de eliminar ou incorporar os hólons em questão.

Na Índia antiga, segundo um mito da criação, a primeira ondinha desde que fora formada num mar infinito de leite vivia torturada entre o seu amor pelo próprio eu e o desejo de fundir-se. Parece-me que esse processo muito elementar de negociar a coerência mútua dirige tanto as relações so-

---

2. No original, *bootstrap physics*. A puxadeira é aquela aselha, na parte superior do cano das botas, para puxá-las ao calçar. (N. do T.)

3. No original, percebe-se melhor a derivação do termo "holonomia" (*holonomy*), de *whole-rule* (lei do todo) e *autonomy* (autonomia). (N. do T.)

ciais humanas quanto toda a evolução, que eu vejo não como um processo neodarwinista de mutação e seleção ao acaso, isolado ou de outra maneira, mas como uma inteligente dança improvisada, sobre a qual temos de falar muito mais para torná-la verossímil.

Enquanto explicamos os processos das entidades vivas a que agora chamamos hólons em termos como autonomia, holonomia e coerência mútua, permita-me também mencionar a economia *(oikos + nomos)* e a ecologia *(oikos + logos)* dos sistemas vivos, que é o mesmo que dizer literalmente, em grego, as leis e a organização da "casa". No nosso mundo atual debatemos realmente se é preciso haver uma relação entre ecologia e economia, e nesse caso qual deveria ser ela. Se entendermos esses significados originais e observarmos as entidades vivas como tendo padrões fundamentais de procedimento, veremos facilmente por que não deveríamos ter separado a sua organização das suas leis nas nossas concepções de sociedade humana ou "casa".

HARMAN:

Eu gostaria de voltar ao seu pensamento: E se a biologia fosse considerada a ciência de base? E se começássemos a ciência observando os organismos e os outros todos e reconhecêssemos desde o início que o todo não é satisfatoriamente entendido em termos das suas partes apenas?

Se há uma coisa com que pensamos que podemos contar é a confiabilidade do "método científico" para descobrir a "verdade". No entanto, há coisas demais no mundo que parecem não se ajustar a essa concepção da ciência reducionista — isto é, a concepção de que a física é a "rainha das ciências". Precisamos de uma epistemologia que seja potencialmente capaz de levar em conta as surpreendentes capacidades instintivas dos animais, os enigmas misteriosos da evolução, as formas maravilhosas das flores — e, acima de tudo, o mistério da consciência e do espírito humanos.

Se aceitarmos a posição ontológica de Wilber, boa parte das concepções aparentemente opostas no pensamento ocidental terá se reconciliado. A partir do nível do humano-hólon, o cientista olha para dentro, considerando principalmente a holarquia (em níveis fisiológicos e menores); o místico olha para fora, observando principalmente o universo. A ciência e a religião são potencialmente duas concepções complementares mas inteiramente congeniais; uma precisa da outra. Na filosofia ocidental tem havido três principais posições ontológicas: a materialista-realista, a dualista e a idealista. O materialista considera a holarquia toda como feita de uma só matéria, ao passo que o idealista vê a holarquia *inteira* como composta de algo mais do que matéria. O dualista tenta reconciliar fragmentos dessas duas concepções. Cada posição oferece um relance parcial do todo holárquico.

Eu penso que essa nova posição ontológica ganha algum espaço ao se entender plenamente a eficácia com que ela soluciona muitos dos enigmas consagrados da filosofia ocidental — o problema da dualidade mente/corpo, por exemplo, e o livre-arbítrio *versus* determinismo. Uma vez que tudo faz parte de uma holarquia, se a consciência encontra-se em toda parte (como no nível do cientista-hólon), por esse fato ela é uma característica do todo. Não podemos considerá-la uma impossibilidade nem no nível do microrganismo nem no nível da Terra, ou Gaia.

Nem deveríamos nos espantar ante a evidência de que mentes isoladas possam parecer interligadas de maneiras inexplicáveis pelas ciências exatas ou mecanismos materiais. Há muitas evidências, algumas recentes e algumas antigas, indicando que a cura do corpo de uma pessoa pode ser afetada pelo estado mental de outra pessoa a distância — numa corrente de pensamento isso é chamado de "cura pela oração a distância". Na visão de mundo científica a que estamos acostumados, pode parecer uma hipótese absurda; numa biologia holística não há nenhuma razão *a priori* para declarar a sua impossibilidade. Considerando que tudo está ligado de qualquer maneira, a pergunta mais adequada não é como a cura a distância pode acontecer, mas por que as mentes não interferem nos outros corpos ainda mais do que parecem fazer?

No nível do humano-hólon, achamos que estar vivo implica intenção, criatividade, disposição para a experimentação, vontade de aprender, buscando sempre níveis mais elevados de complexidade e diversidade, procurando continuamente "o que funciona". Entretanto, não temos nenhuma justificação para insistir em que essas características também não sejam as do hólon maior. Assim, deveríamos ficar surpresos ao descobrir, como aconteceu a Margaret Wheatley (1996), que vivemos num mundo em que a vida quer acontecer; que o universo parece estar vivo, sendo criativo, experimentando o tempo todo para ver o que é possível; que é a tendência natural da vida organizar-se e buscar níveis ainda mais elevados de complexidade e diversidade; que toda a vida parece ter a intenção de descobrir "o que funciona"; que a vida se organiza criativa e espontaneamente ao redor de um "eu"; que vivemos num mundo verdadeiramente co-criador, em que todo "eu" em todos os níveis é tanto parte da criação quanto do ato de criar.

Acompanhar o tipo de pensamento que esse conceito holárquico suscita pode se tornar algo alucinante. Se buscamos um novo conjunto de preceitos metafísicos em que basear uma ciência verdadeiramente adequada da biologia, esse é o melhor candidato que posso encontrar. Essa é uma mudança radical da concepção que nos dão a biologia molecular e a física quântica, e ainda assim inclui essa concepção.

Claro que a ciência baseada nessa visão de mundo — deveríamos chamá-la de holárquica? — ainda insistirá na *investigação aberta* e na *validação pública (intersubjetiva)* do conhecimento. No entanto, ela deverá reconhecer que, a qualquer momento dado, só se poderá atingir essas metas de modo incompleto. Levando em conta como as noções tanto individuais quanto coletivas são afetadas por crenças e expectativas mantidas inconscientemente, as limitações do acordo intersubjetivo são evidentes.

Essa epistemologia será "*radicalmente empírica*" (no sentido reclamado por William James), uma vez que será *fenomenológica* ou experimental num sentido amplo (quer dizer, incluirá a experiência subjetiva como dados primários, em vez de ser limitada essencialmente aos dados sensoriais físicos) e irá tratar da existência humana como um todo (em outras palavras, nenhum fenômeno informado será omitido por "violar as leis científicas conhecidas"). Assim, a consciência não é uma "coisa" a ser estudada por um observador que está de alguma maneira separado dela; a consciência envolve a interação entre o observador e o observado, ou, se você preferir, a *experiência* de observar.

Os cientistas modernos têm uma certa tendência a abusar do "princípio da parcimônia", também chamado de "Navalha de Occam". Fundamentalmente, esse princípio estabelece que as hipóteses devem ser cortadas ao mínimo. Por exemplo, não postular uma força vital na matéria se os fenômenos puderem ser explicados sem ela. Mas o abuso ocorre quando a "navalha" é usada não para aparar a gordura das hipóteses, mas para cortar observações de "fenômenos anômalos" para que as hipóteses possam se sustentar. Por exemplo, alguns cientistas negariam a evidência dos assim chamados fenômenos "psi" porque eles indicam poderes mentais que se "sabe" não existem.

Essa epistemologia adequada será, acima de tudo mais, humilde. Ela reconhecerá que a ciência trata de *modelos e metáforas que representam certos aspectos da realidade percebida* e que qualquer modelo ou metáfora pode ser permitido se for conveniente para ajudar a ordenar o conhecimento, ainda que pareça conflitar com outro modelo que também seja conveniente. (O exemplo clássico é a história dos modelos de onda e partícula na física.) Isso inclui, especificamente, a metáfora da consciência.

Essa última afirmação pode parecer estranha; deixe-me explicá-la. É uma peculiaridade da ciência moderna permitir alguns tipos de metáforas e desaprovar outros. É perfeitamente aceitável usar metáforas que derivam diretamente das nossas impressões do mundo físico, como "partículas fundamentais" e ondas acústicas, assim como metáforas que representam o que só pode ser medido em termos dos seus efeitos, como os campos gravitacional, eletromagnético ou quântico. Mais adiante, tornou-se aceitável usar metáforas mais holísticas e não quantificáveis, como organismo, personalidade, comunidade ecológica, Gaia e universo. No entanto, é um tabu usar "metáforas para a mente" não sensoriais — metáforas que entrem no âmbito das imagens e impressões conhecidas da nossa consciência interior. Não tenho permissão de dizer (cientificamente) que alguns aspectos da minha sensação da realidade evocam impressões da minha própria mente — observar, por exemplo, que alguns aspectos do comportamento animal parecem ter contato com uma mente não-material supra-individual, ou como se houvesse no comportamento instintivo e na evolução algo parecido com a minha própria impressão mental de *finalidade*.

A epistemologia que buscamos reconhecerá *a natureza parcial de todos os conceitos científicos de causalidade*. (Por exemplo, a "causalidade ascendente" da ação fisiomotora resultante de um estado cerebral não invalida necessariamente a "causalidade descendente" insinuada no sentimento subjetivo de volição.) Em outras palavras, ela questionará implicitamente o pressuposto de que uma ciência *nomotética* — a que se caracteriza por "leis científicas" invioláveis — pode, no final, tratar satisfatoriamente da causalidade. Num sentido extremo, não existe realmente nenhuma causalidade — apenas o Todo evoluindo.

Ela também reconhecerá que a predição e o controle não são os únicos critérios com que julgar o conhecimento científico. Conforme observou o escritor francês Antoine Saint-Exupéry, "A verdade não é o que se pode demonstrar. A verdade é o que é inelutável". Em outras palavras, a autoridade inconteste do experimento duplo-cego controlado está profundamente colocada em questão.

Essa epistemologia envolverá o reconhecimento do papel inevitável das *características pessoais do observador*, incluindo os processos e o conteúdo do inconsciente. Segue-se o corolário de que, para ser um investigador competente, o pesquisador tem de estar *disposto a se arriscar a ser profundamente transformado* pelo processo do estudo. Por causa dessa transformação potencial dos observadores, uma epistemologia que hoje é aceitável perante a comunidade científica pode ter de ser substituída por outra, mais satisfatória, com novos critérios, para os quais ela tenha estabelecido as bases intelectuais e sensoriais.

SAHTOURIS:

Brian Arthur, do Santa Fe Institute, é um raro cientista a reconhecer que a ciência não funciona por dedução, "mas principalmente por metáforas" (M. Mitchell Waldrop, 1992, p. 327), e que a escolha das metáforas adequadas é, portanto, o principal trabalho daquele instituto no seu estudo da complexidade (p. 332). Favorável a esse reconhecimento de que a escolha das metáforas é fundamental para a ciência, dei uma palestra no Santa Fe Institute a esse respeito — sobre o assunto de novas metáforas, como Gaia para a Terra. Eu realmente apóio a sua idéia de que temos de eliminar as limitações dessa escolha de metáforas enquanto estivermos nessa importante transição.

Thomas Kuhn sugeriu até mesmo que suspendêssemos categorias padronizadas como "real/irreal" e "científico/não-científico" ao observar novos dados para encontrar novos padrões, novas maneiras de ordenação e novas categorias. O nosso modelo holárquico é um modo de ordenar as coisas da maneira menos preconceituosa possível — observando simplesmente que as entidades vivas ocorrem umas dentro das outras e estão inter-relacionadas nos seus processos; na realidade, elas são os próprios processos. Podemos então observar as características observáveis a partir dessa perspectiva holística e, conforme você sugere, recusar-nos a rejeitar o que quer que vejamos no local pesquisado que não se ajuste ao paradigma convencional do que é real.

A nossa explicação neodarwinista atual da evolução é intelectual e espiritualmente tão insatisfatória que se pode facilmente perceber por que as pessoas afluem para alternativas criacionistas, por mais socialmente perigosas que estas sejam com as suas políticas fundamentalistas. A humanidade precisa desesperadamente de uma explicação inteligente da sua própria evolução e da evolução das outras espécies.

Isso é exatamente o que você está pedindo ao dizer que precisamos de "uma epistemologia que seja potencialmente capaz de levar em conta as surpreendentes capacidades instintivas dos animais, os misteriosos enigmas da evolução, as formas maravilhosas das flores — e, acima de tudo, o mistério da consciência e do espírito humanos". Reduzir a biologia à química e à física foi na verdade o que sustentou isso, porque considerou os fenômenos vivos no âmbito dos não-vivos e tentou explicá-los nos seus termos. Ainda assim, justiça seja feita quanto à física, seria preciso ir muito mais longe do que os modelos aos quais os biólogos reduziram os seus fenômenos — lembre-se da metáfora dos dois trens que mencionei anteriormente.

Alguém observou que, ao usar a ciência ocidental para estudar a consciência, chegamos ao cérebro; depois, estudando o cérebro, chegamos à sua fisiologia; estudando a sua fisiologia, chegamos à sua composição química;

e estudando a composição química chegamos à física, apenas para descobrir que no estudo da física chegamos à consciência! O que me interessa no momento é a confluência de uma corrente de pensamento tanto na biologia quanto na física teórica: que a consciência penetra tudo e que, portanto, o universo inteiro deve ser vivo.

HARMAN:

Com relação a isso, eu gostaria de ir um pouco além no estudo da questão da intencionalidade nos sistemas vivos e no processo evolutivo. Lembro-me do argumento do biólogo Edmund Sinnott, décadas atrás, de que a tendência persistente entre os seres vivos de ter como uma "meta" alcançar e manter o desenvolvimento corporal, um sistema vivo organizado de um tipo definido e o direcionamento igualmente persistente ou perseguição de uma meta, que é a característica essencial do comportamento e da atividade mental humanos, são basicamente a mesma coisa.

Esse argumento está no livro dele, *The Biology of the Spirit,* de 1955. Eu não acho que a questão que ele levantou na época já tenha sido satisfatoriamente respondida: qual é a relação entre as tendências auto-organizadoras, aparentemente de perseguição de metas, encontradas em todos os organismos vivos, e as aspirações e anseios que moldam o comportamento humano e envolvem o espírito humano? Talvez a questão não pudesse ser tratada algumas décadas atrás. As conquistas espetaculares da biologia moderna estiveram associadas ao pressuposto de que todos os processos vitais podem afinal ser interpretados como simplesmente processos físicos e químicos. Nada mais parecia ser necessário para os avanços impressionantes na biotecnologia. Desenvolveu-se uma intensa fé em que os mistérios remanescentes render-se-iam aos mesmos tipos de explicação. As atitudes prevalecentes não encorajavam a considerar seriamente nenhuma pergunta elaborada em termos espirituais.

No entanto, na década de 1990, surgiram numerosos desafios à suficiência de uma biologia moldada em termos positivistas. Uma revisão da interpretação do começo da evolução indicava que até mesmo as formas mais primitivas de vida, os procariotes (do grego, "anterior a um núcleo"), reagiam a mudanças drásticas no ambiente, de maneiras que parecem algo como a solução criativa de problemas. As novas pesquisas sobre as grandes radiações da macroevolução indicaram que novos filos, classes e ordens haviam aparecido relativamente de repente, em especial seguindo as principais extinções, de um modo que mais parecem muitas explosões de criatividade. Mais importante ainda, uma sensação persistente e muito antiga de que algo importante estava faltando no quadro do surgimento do mundo pintado pela ciência reducionista conduziu a um interesse crescente pela possibilidade de uma explicação científica mais adequada da consciência. O momento parece certo para levantar novamente a questão de Sinnott.

Portanto, o que dizer quanto ao espírito humano? Se por meio das ciências biológicas esclareceu-se um pouco a evolução do espírito, será que isso reduz o espírito humano a algo secundário? Ou será que eleva a maneira como consideramos a biologia?

Basicamente, a hipótese de Sinnott equipara as "metas biológicas" de crescimento e desenvolvimento das plantas e dos animais à característica de perseguição de metas do comportamento e da atividade mental humanos. Ele antecipou objeções à própria hipótese; como ele disse, "Uma finalidade consciente na mente e um processo embrionário num girino em desenvolvimento parecem ser a princípio tão distantes que considerá-los como fundamentalmente o mesmo tipo de coisa pode realmente parecer um absurdo. [...] Os cientistas lutaram tão arduamente para manter a idéia insidiosa da finalidade *fora* da biologia que não consentirão prontamente com um conceito que reponha essa palavra hostil exatamente ao centro das ciências da vida. [...] De uma coisa podemos ter certeza: existe de modo inerente no sistema vivo uma característica auto-reguladora que o mantém orientado para uma norma ou curso definidos, e o crescimento e a atividade do organismo acontecem em conformidade com isso".

Um dos exemplos usados por Sinnott foi o de dar início a uma nova planta a partir de uma "muda", obtida de uma planta viva. Um pequeno pedaço cortado da planta original, tirado da sua cepa e enterrado no solo, restabelece as partes que faltam e torna-se uma nova planta inteira. Se, por exemplo, cortarmos um pequeno ramo do caule de um salgueiro na primavera e o envolvermos em musgo úmido ou outra coisa que ofereça um ambiente favorável, as raízes começarão a crescer ali e logo surgirão brotos que irão se desenvolver. Mas as raízes surgirão do que antes era a extremidade inferior do ramo, cortada da árvore original. E os brotos sairão da outra extremidade. Se uma determinada célula começará a criar brotos ou raízes, isso dependerá de, se na hora do corte, a célula acabou ficando na extremidade superior ou inferior. Dá na mesma se o ramo for mantido na horizontal ou de cabeça para baixo; as raízes ainda crescerão a partir da extremidade que estava presa à planta original e os brotos despontarão do outro lado. Mesmo um minúsculo pedaço do organismo original contém dentro de si o conhecimento de como criar uma planta completa. De algum modo, "deve estar presente na matéria viva da planta, imanente em todas as suas partes, algo que represente a configuração natural do todo [...] uma 'meta' para a qual o desenvolvimento seja invariavelmente dirigido".

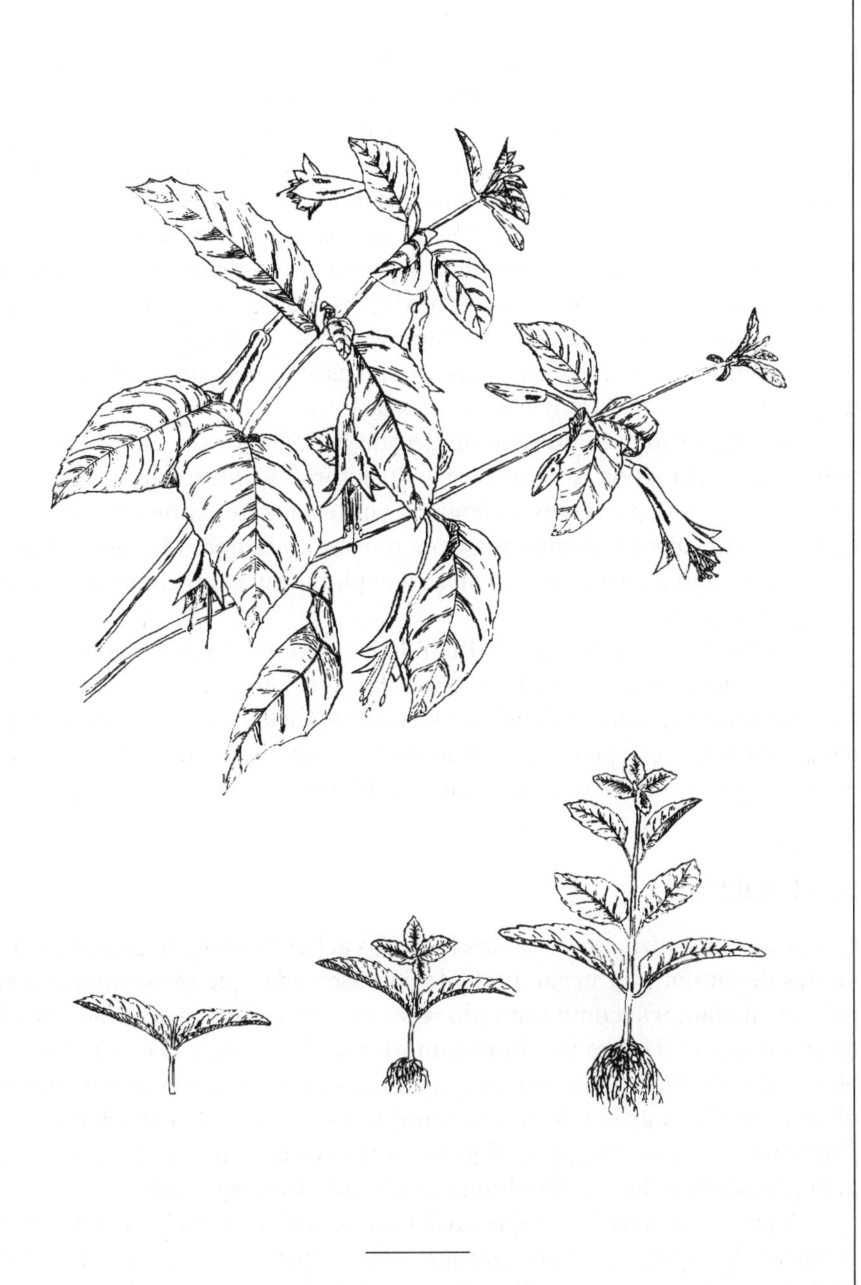

Exemplo do crescimento de uma nova planta a partir de uma muda de uma planta existente. Neste caso, uma fúcsia.

Esses exemplos mal exemplificam a extensa gama de enigmas biológicos que têm resistido a uma explicação satisfatória apenas por meio dos processos físico-químicos. Por causa da especialização que tem quase universalmente caracterizado a pesquisa acadêmica, esses enigmas foram considerados separadamente, por cientistas diferentes, de outro enigma científico; ou seja, o que fazer quanto à consciência. A pesquisa da consciência, revela-se, parece requerer uma epistemologia diferente, um modo diferente de testar o que será designado "conhecimento científico", se é para se incluir satisfatoriamente a consciência na explicação científica da existência humana. De certo modo, o que estamos fazendo com o enfoque de "hólons dentro de hólons" é aproximar as duas coisas. Pode parecer improvável que combinando duas perplexidades importantes teríamos uma compreensão maior em vez de um misto de perplexidade e desorientação, mas vamos ver.

Sinnott levantou a questão na década de 1950, e eu acho que não lhe tenha sido dada ainda uma resposta satisfatória. Conforme observamos, a interpretação dos processos biológicos em termos de fenômenos físicos e químicos subjacentes dominou a cena por muito tempo. Mas agora parece haver uma nova abertura com relação a explorar questões como essa levantada por Sinnott.

A semelhança em termos de finalidade no comportamento animal e nos tropismos das plantas, no instinto e na evolução, geralmente é explicada como simplesmente uma evidência da nossa tendência inata para antropomorfizar. Mas talvez estejamos entrando numa nova era em que perguntas como essas serão consideradas de maneira diferente.

SAHTOURIS:

Conforme você diz, a maioria dos biólogos achou mais fácil ignorar as perguntas de Sinnott, ou negar a teleologia observada, que reconsiderar o paradigma da biologia como um todo. Eu considero que nos acomodamos ao mecanomorfismo como um antropomorfismo de segunda mão. Eu gosto da observação de Walter Pankow de que é necessário um sistema vivo para conhecer um sistema vivo. Se nós mesmos não estivéssemos conscientes, não poderíamos sequer imaginar alguma outra coisa como sendo consciente nem poderíamos discutir nenhuma dessas questões entre nós.

A pergunta mais difícil que você fez é se podemos esclarecer melhor a evolução do espírito humano por meio das ciências biológicas e se isso reduziria o espírito humano a algo secundário, ou elevaria o modo como consideramos a biologia. Essa pergunta ainda é difícil para mim porque não posso analisar a nossa noção do espírito numa única explanação. Como cientista, busco fazer assim, mas pode ser melhor adotarmos o inteligente enfoque indígena de Paula Underwood (1991) para essas questões: ter em mente ao mesmo tempo concepções alternativas de algo que desejamos explicar mas que não podemos ainda e atribuir-lhes pesos diferentes à medida que aparecem as evidências.

Não estou certa do que significa o termo "espírito"; será suficiente para mim se as ciências biológicas vierem a considerar a consciência como uma característica fundamental da natureza, uma vez que o meu próprio conceito de espírito é simplesmente de que é a expressão mais aperfeiçoada da consciência. Não muito tempo atrás, eu ainda mantinha a concepção de que a consciência e a inteligência seriam fenômenos resultantes da evolução, mas depois de passar algum tempo em meio a culturas indígenas desenvolvi um ponto de vista mais amplo. Agora vejo a consciência e a inteligência permeando o universo até o ponto mais remoto em que possamos identificar a formação de quaisquer tipos de padrão. Isso também torna possível que a consciência, ou o espírito se você preferir, tenha precedido o universo material conhecido, como na famosa interpretação da teoria quântica. Eugene Wigner, por exemplo, declarou abertamente que a consciência deve passar a fazer parte das leis da física.

Essa é a concepção que tenho adotado, por mais radical que possa parecer a muitos biólogos. Pesquisas da biologia molecular têm-nos fornecido visões inacreditavelmente detalhadas do que acontece, no nível molecular, mas nada disso explica *por que* esses eventos maravilhosamente complexos acontecem. Desde que aceitemos que a consciência inteligente transforma-se em matéria, o "porquê" disso torna-se mais acessível. Essa não é uma concepção mais dualística do que a nossa compreensão das transformações de energia-matéria na física. Ela simplesmente considera a consciência como a primeira fase, transformando-se por sua vez em energia eletromagnética e depois em matéria.

Em algumas tradições, acredito que o espírito seja equiparado ao campo não-material diversamente chamado de corpo áurico, corpo espiritual ou corpo sutil. Eu gostaria de mencionar depois (Capítulo Cinco) as recentes pesquisas sobre algumas medidas de quantidades físicas que parecem estar associadas aos "corpos sutis", há muito conhecidos em outras culturas. Se essas pesquisas nos levarem a incorporar o espírito à biologia, espero que o espírito humano não seja diminuído, mas que a biologia se eleve.

Os seus exemplos de teleologia vêm claramente de camadas diferentes, ou "*onionskins*"[4], da holarquia planetária, conforme temos discutido: a solu-

---

4. Certamente um trocadilho da autora com a palavra *onionskin*, que designa um tipo de papel muito fino, lustroso e translúcido, muitas vezes de origem oriental, mas cuja etimologia inglesa remete ao latim *unus*, em alusão à unidade formada pelas camadas da cebola. (N. do T.)

ção de problemas entre os micróbios, a muda de planta que forma uma nova planta inteira, o ser humano que aprende com a própria mente no comportamento voltado para a persecução de metas e as explosões de criatividade na evolução planetária depois das extinções em massa.

O que isso quer dizer é que encontramos um comportamento intencional, orientado para a realização de metas ou teleológico para onde quer que olhemos na natureza. A coisa verdadeiramente estranha é como podem nos ensinar na universidade a negar as nossas próprias observações, a chamar o que vemos de outra coisa, a fingir a princípio e depois nos convencer de que não há nada de intencional acontecendo. Eu aprendi até mesmo que a mente não existe, nem mesmo nos humanos — que essa é uma construção hipotética desnecessária. Tudo, disseram-nos, poderia ser explicado segundo os termos reducionistas da química molecular (no nível dela) ou em termos de reforço de comportamento (em outro nível). As totalidades nada mais eram do que a soma das suas partes e o milagre da ciência foi continuar se reduzindo à nossa capacidade para ver as partes mais minúsculas. Que a física tomasse esse caminho antes da biologia e recuasse aturdida perante a consciência não foi discutido ou foi desprezado como algo específico à argúcia dos físicos e dos seus jogos matemáticos. Então, afinal, éramos premiados com os nossos diplomas e nos sentíamos orgulhosos por ter-nos tornado cientistas de verdade, que vêem mais fielmente que aqueles que não são. E, de fato, acreditávamos nisso! Recentemente, me deparei com uma observação que eu havia escrito alguns anos depois de terminar a faculdade: "Às vezes acho que recebi um Ph.D. por negar a minha humanidade — comportando-me mecanicamente, dissecando a natureza sem sentimento ou emoção."

A finalidade, o espírito, até mesmo a mente não faziam parte da visão de mundo científica ocidental ou, dentro dela, da biologia e da psicologia experimental. Só a ciência em si tinha uma finalidade — reduzir tudo até algo tão simples que pudéssemos controlar, isto é, usar as nossas informações sobre o mundo para nos ajudar a transformá-lo para o uso humano. Os cientistas ainda são, é claro, rápidos em protestar que a ciência seja um empreendimento absolutamente neutro de busca de fatos, mas apenas por causa da sua utilidade a ciência é tão bem financiada pelo dinheiro público, especialmente de orçamentos militares, e por corporações privadas e as suas dotações.

Se a ciência não negasse a consciência e a inteligência da natureza, as coisas pareceriam muito diferentes. Não poderíamos mais considerar a natureza como uma coleção de recursos para o uso humano; não poderíamos mais nos ver como os únicos seres inteligentes. Nós, seres humanos, não estaríamos em pleno controle e as nossas soluções tecnológicas para os problemas com freqüência seriam questionadas.

É de grande interesse observar como os que não são cientistas estão reagindo ao controle tecnológico da natureza proveniente da ciência. Por exemplo, as pessoas estão retornando em massa às formas tradicionais de cultivo de alimentos e de cura pela imposição das mãos sobre o corpo — as "curas xamânicas" e os remédios à base de ervas que muitas vezes provêm dos conhecimentos de povos indígenas. Todas essas formas de cura respeitam a inteligência do corpo de curar a si mesmo com a ajuda secundária de fontes naturais em vez de intervenções tecnológicas radicais. Mesmo que nem funcionem, elas parecem fazer bem o bastante, e os cientistas já estão sendo duramente pressionados a negar a sua eficácia.

Em 1974, tive a oportunidade de ir para a China e ver a integração da medicina tradicional com a ocidental. Os cientistas e médicos de lá estavam trabalhando muito para determinar qual sistema funcionaria melhor em tais casos ou quando ambos podiam ser combinados com eficácia. Na verdade, as pesquisas sobre a acupuntura naquele momento já eram mais científicas do ponto de vista ocidental do que são as nossas no Ocidente atualmente. Os caminhos de entrada da acupuntura no Ocidente foram as profissões de saúde alternativas, não os laboratórios científicos. Isso significa que apressou-se a colocar a acupuntura diretamente em prática, sem sequer observar o que os cientistas chineses tinham descoberto sobre ela neurologicamente nos seus laboratórios de pesquisa com animais.

A questão é que os chineses já estavam trabalhando numa integração muito interessante entre o conhecimento tradicional e a pesquisa científica formal, algo parecido com o que propôs Mae-Wan Ho como uma ciência moderna/indígena (1988) e o que a minha própria experiência com as ciências indígenas corrobora veementemente. Mas deixemos essa discussão para depois, de modo a podermos continuar com a sua discussão sobre o trabalho de Sinnott e tomar contato com outras novas descobertas da biologia e com as questões levantadas por elas.

Interlúdio
UM

Os Impressionantes Procariotes

Esta história dos impressionantes procariotes é tão interessante que merece ser contada com mais detalhes. As primeiras formas de vida parecem ter sido os micróbios com paredes permeáveis de lipídios; quando essas paredes evoluíram para formas mais rígidas, tivemos as primeiras bactérias — os procariotes; quer dizer, células sem um núcleo. Isso foi há 3,5 bilhões de anos e nos 2 bilhões de anos seguintes a Terra foi habitada unicamente por procariotes. (A empolgante história dos engenhosos procariotes e das suas alianças posteriores para formar organismos biológicos mais complexos é bem contada por Lynn Margulis, que fez muitas das descobertas originais.)

Os eventos importantes nessa evolução inicial têm de ser presumidos, uma vez que não deixaram nenhum registro fóssil. As formas primitivas de vida provavelmente se assemelhavam à dos organismos mínimos que existem hoje em dia. A vida em estado mínimo parece conter bastante DNA para conduzir o metabolismo numa extensão limitada. No entanto, não há suficientes genes para cuidar de produzir os aminoácidos, nucleotídeos, vitaminas e enzimas necessários aos processos vitais. Temos de considerar que as formas primitivas de vida absorviam os seus componentes diretamente do ambiente. (Formas contemporâneas desses tipos mínimos de bactérias são os parasitas que obtêm o que precisam dos organismos nos quais vivem, mas as formas de vida anteriores não tinham um ambiente favorável desses. Essas formas de vida elementares usavam os compostos bioquímicos que tinham acumulado em razão da exposição de compostos químicos à luz ultravioleta e aos raios na ausência de oxigênio.)

É claro que esse banquete químico não poderia durar para sempre. Aqueles nutrientes disponíveis depressa se esgotaram à medida que os micróbios alimentavam-se, cresciam e se dividiam sem cessar para produzir mais micróbios. Fatalidades comuns no ambiente — variações de temperatura, a qualidade e a quantidade de luz solar, a concentração de sais na água — tudo isso contribuiu para diversificar as populações de micróbios em lugares diferentes. Diante da fome, naqueles lugares começaram a se desenvolver os mais variados tipos de novas bactérias bem-sucedidas, com novas estratégias metabólicas com as quais o alimento e a energia poderiam ser extraídos de várias matérias-primas.

Uma das primeiras inovações capacitou as células a usar açúcares e a converter o açúcar em energia de ATP (trifosfato de adenosina). Essa substância química fundamental é usada por todas as células vivas sem exceção como um transportador de energia; ela é chamada de "moeda biológica" geral da energia química armazenada. Ela é a fonte de energia para muitas reações metabólicas básicas assim como para as reações consumidoras de energia mais especializadas, como a contração muscular. Ela presumivelmente estava presente na primitiva atmosfera desprovida de oxigênio; como também os açúcares dos quais podia ser produzida. Desse modo essas células viveram de substâncias químicas que encontravam disponíveis na terra. Elas desenvolveram diversos processos de decomposição do açúcar, conhecidos como fermentação. Os subprodutos de baixa energia do açúcar — álcoois e ácidos — eram então excretados como dejetos.

Alguns desses "fermentadores" começaram com açúcares (glicose, sacarose) ou com carboidratos (celulose, amido). Outros começaram com compostos simples contendo nitrogênio, como os aminoácidos. Alguns terminaram com o gás carbônico e o etanol, como as bactérias que fermentam os ingredientes para o vinho e a cerveja, outros com o ácido láctico, como os que azedam o leite e amadurecem alguns queijos; outros ainda, com o ácido acético e o etanol, como os que se formam no esgoto ou dão o vinagre. O processo de fermentação geralmente acrescenta à célula algumas moléculas de ATP a cada molécula de alimento decomposta.

Uma vez que os dejetos produzidos pela bactéria de fermentação — certos ácidos e álcoois — ainda contêm energia, a fermentação não é completamente eficiente. Com o tempo, evoluíram outros micróbios que se alimentavam dos dejetos de bactérias de fermentação. Essas novas bactérias decompunham os dejetos, produzindo a partir deles mais carbono e energia. Esses processos ainda continuam onde as quantidades de luz e oxigênio são baixas — em pântanos e na lama de lagos, em baixios de maré, em intestinos de animais e em poças de água estagnada — o alimento de um fermentador sendo os dejetos de outro.

À medida que os compostos orgânicos produzidos prebioticamente eram deglutidos e tornavam-se escassos, outros modos de criar ATP foram desenvolvidos. Um grupo de bactérias, conhecido como dessulfovibriões, aprendeu a "comer" sulfato, emitindo gases de enxofre nocivos. Elas geram ATP durante a conversão de sulfato para sulfeto. São elas que emitem sulfeto de hidrogênio, o gás odorífero que causa o odor de "ovo podre" na lama salgada de pântanos e em algumas fontes termais.

A esse fato seguiu-se outra "invenção" extremamente importante: a fotossíntese. Quando qualquer molécula absorve a luz, os seus elétrons são impulsionados a um estado energético mais elevado. Sob certas condições, em bactérias que contêm um tipo de molécula chamada de anel de porfirina, a energia da luz pode ser retida e convertida em ATP. A energia de ATP é então usada para o movimento e a síntese, como a conversão de gás carbônico da atmosfera em alimento e na reprodução de combinações de carbono necessárias para manter-se e crescer. A fotossíntese primitiva era diferente da encontrada nas plantas de hoje. Essas bactérias heliófilas usavam a energia da luz e o sulfeto de hidrogênio para criar ATP, excretando enxofre; as bactérias sulfurosas-verdes e as sulfurosas-roxas ainda procedem desse modo.

As cianobactérias verdes e especialmente a azul-esverdeada trouxeram outra inovação; elas aprenderam a "comer" gás carbônico, emitindo oxigênio como dejeto. Essa é a forma de fotossíntese que acabou se tornando responsável pelo sucesso do reino vegetal. Enquanto esse oxigênio "poluía" o ambiente, surgiu um novo tipo de bactéria que respirava oxigênio. Assim nasceu outro caminho metabólico pelo qual criava-se o ATP — a respiração aeróbica, o mais eficiente de todos.

Um novo tipo de cianobactéria azul-esverdeada desenvolveu a capacidade de dividir a molécula de água, extraindo hidrogênio para combinar com o gás carbônico do ar para produzir açúcares e outras substâncias químicas como alimentos orgânicos, e excretando oxigênio como dejeto. As bactérias azul-esverdeadas foram assim tão prodigiosamente bem-sucedidas que literalmente cobriram a Terra, onde quer que pudessem ser encontradas água e luz solar juntas. Em razão da sua onipresença e apetite, a Terra foi inundada de oxigênio; o conteúdo de oxigênio da atmosfera subiu de cerca de 0,0001 por cento para 21 por cento! Mas o oxigênio não combinado era tóxico para a maioria das formas de vida então existentes. Assim, aproximadamente 2 mil milhões de anos atrás, houve uma crise mundial de poluição por oxigênio.

No entanto, as espertas cianobactérias estavam prontas para o desafio. Elas "inventaram" um sistema metabólico que se alimentava da própria substância que era um veneno mortal — a respiração aeróbica, a respiração do oxigênio, em que a energia destrutiva do oxigênio é usada para separar moléculas de alimento e assim liberar tanto as suas partes quanto a sua energia para uso. Essa é a combustão essencialmente controlada. As moléculas orgânicas são decompostas em gás carbônico, água e uma grande quantidade de energia. Considerando que a fermentação tipicamente produz duas moléculas de ATP para cada molécula de açúcar decomposta, a respiração da mesma molécula de açúcar utilizando oxigênio pode produzir um total de 36 moléculas. Esse foi um salto tão espetacularmente bem-sucedido em matéria de tecnologia que as cianobactérias caíram numa verdadeira farra evolutiva. Elas explodiram em centenas de formas diferentes, a maior delas tendo cerca de oito décimos de milímetro de diâmetro. Elas se espalharam por todo o ambiente, das águas frias do mar até as fontes de água doce quentes. Elas literalmente cobriram a Terra.

Quanto mais se pensa nessa história da colonização de toda a superfície da Terra pelos procariotes, mais impressionante ela parece. Durante os quase 2 bilhões de anos em que eles foram os exclusivos habitantes da Terra, os procariotes continuamente transformaram a superfície e a atmosfera terrestres, assim como os seus organismos e o seu ambiente em evolução conjunta. Eles "inventaram" todos os sistemas químicos miniaturizados que eram essenciais à vida: a fermentação, a fotossíntese, a respiração do oxigênio e a remoção do gás de nitrogênio do ar. Eles também passaram por crises de falta de alimento, poluição e extinção — tudo isso antes do surgimento das primeiras células nucleadas (eucariotes).

A pesquisadora Lynn Margulis inclui-se entre um dos investigadores-chave que conseguiram montar essa história (1986). De acordo com ela, ao longo dessa fase primitiva da história da Terra, parece ter havido dois mecanismos principais da evolução — a mutação do DNA e a transferência genética bacteriana. (Uma terceira aliança simbiótica só foi descoberta depois, com relação à evolução das células eucarióticas, ou células que contêm um núcleo.)

A *mutação* do DNA não é só fortuita; em algumas circunstâncias, parece ter uma finalidade. No caso dos procariotes, à medida que tornavam escasso um tipo de alimento, pareciam "inventar" novas maneiras de metabolizar outros comestíveis. Quando o papel evolutivo da "mutação intencional" foi originalmente proposto, considerou-se uma noção disparatada, outro exemplo da tendência humana para antropomorfizar a natureza. Parecia um pensamento absurdo, dada a nossa concepção apequenada das aptidões de um micróbio, que ele pudesse parecer tão inteligente.

As pesquisas subseqüentes, porém, pareceram fundamentar a idéia da mutação intencional. Se são colocadas bactérias num meio com moléculas nutrientes grandes demais para atravessar os poros da sua membrana, as bactérias podem transformar-se para tornar a membrana mais permeável. As bactérias cultivadas num meio salgado tornam-se mais capazes de sobreviver e reproduzir-se em água do mar. John Cairns e colegas (1988) descobriram que uma família das bactérias *Escherichia coli* incapaz de digerir lactose tornou-se capaz, por "mutação intencional", de metabolizá-la quando alimentada com ela. (Não só as bactérias tinham uma predisposição para se transformar numa enzima capaz de digerir a lactose; mais mutações foram induzidas colocando-se as bactérias numa solução de lactose. Nenhuma mutação para reverter à capacidade para uso da lactose pareceu acontecer, embora outros nutrientes tivessem sido disponibilizados, mas ela apareceu quando o meio continha apenas lactose.) Em outra experiência, Barry Hall (1988) descobriu que quando *E. coli* numa solução de salicina recebia uma pequena quantidade de outra nutrição, sofria duas mutações que de outro modo seriam raras juntas a uma taxa de milhares de vezes superior que em crescimento normal, tornando-se capaz de usar a salicina. Ele sugeriu "que as células têm alguns meios de reconhecer o que seria uma mutação vantajosa e aumentar a possibilidade de que ela ocorra".

A transferência *genética bacteriana* é o outro mecanismo primitivo da evolução. Os procariotes habitualmente transferem partes do material genético a outros indivíduos. Toda bactéria, a qualquer momento, tem a possibilidade de recorrer a genes adicionais, emprestados de outras de famílias às vezes muito diferentes, que executam funções que o seu próprio DNA pode não executar. Algumas partes dos genes são recombinadas com os genes nativos da célula; outras são devolvidas. Como resultado dessa capacidade, as bactérias de todo o mundo têm acesso basicamente a um único centro de distribuição genético e conseqüentemente aos mecanismos adaptativos do reino bacteriano inteiro. Margulis explica o fenômeno de um modo surpreendente: "Adaptando-se constante e rapidamente às condições ambientais, os organismos do microcosmo dão apoio à biota inteira, afetando em última análise toda planta e animal vivos com a sua rede de comunicação global. Os humanos estão apenas começando a aprender essas técnicas na ciência da engenharia genética, na medida em que compostos bioquímicos são produzidos introduzindo-se genes estranhos em células reprodutoras. Mas os procariotes têm usado essas 'novas' técnicas ao longo de bilhões de anos. O resultado é um planeta tornado fértil e habitável para formas maiores de vida por um superorganismo mundial de bactérias em comunicação e cooperação" (1986, pp. 18-19).

Como conseqüência desses dois mecanismos, evoluíram várias formas de procariotes, adaptadas a diferentes ambientes e modos de vida. Entre essas formas incluem-se as bactérias sulfurosas (capazes de se alimentar das combinações de enxofre encontradas em crateras vulcânicas, etc.), as metanógenas, as halófilas (que vivem em salmoura), as cianobactérias (algas azul-esverdeadas), as mixobactérias, as bactérias gram-positivas (por exemplo, os bacilos), as bactérias gram-negativas (por exemplo, a *Escherichia coli),* as bacteriopurpurinas fotossintetizantes, além de dois tipos de bactéria que se tornaram mitocôndrias e cloroplastos, que vivem dentro das células nucleadas. Essas duas últimas são especialmente interessantes. Voltemos a elas.

Citando Margulis novamente, cerca de "1,5 bilhão de anos atrás, a maior parte da evolução bioquímica tinha sido realizada. A superfície e a atmosfera da Terra moderna estavam amplamente estabelecidas. A vida microbiana permeava o ar, a terra e a água, reciclando gases e outros elementos por intermédio dos fluidos terrestres como fazem hoje em dia. Com exceção de alguns compostos exóticos como os óleos essenciais e os alucinógenos derivados de plantas floríferas e os venenos de cobra extraordinariamente eficazes, os micróbios procarióticos podem montar e desmontar todas as moléculas da vida moderna". A biota procariótica tem estabilizado o oxigênio atmosférico mais ou menos ao seu nível atual de 21 por cento. "Crescendo, transformando-se e negociando genes, algumas bactérias produzindo oxigênio e outras retirando-o, elas mantiveram o equilíbrio de oxigênio de um planeta inteiro." Esse "controle cibernético da superfície da Terra pelos organismos não-inteligentes coloca em questão a singularidade da consciência humana" (p. 113).

Um dos mais importantes desenvolvimentos ainda estava por vir: a evolução do primeiro eucariote, ou célula nucleada, possivelmente remontando a 2,2 bilhões de anos. Os eucariotes compreendem todo o resto do mundo vivo unicelular e pluricelular, com exceção dos procariotes. Todas as células eucarióticas compartilham um desenho interno compartimentado típico, o seu DNA e o mecanismo para a sua transcrição em RNA, que é isolado num núcleo distinto envolto por uma membrana. A respiração aeróbica e, nas plantas verdes, a fotossíntese, é executada em organelas especializadas — mitocôndrias e cloroplastos, respectivamente. (As organelas estão para as células como os órgãos para os organismos pluricelulares.)

As células animais são diferentes das células vegetais por duas características. A primeira é a falta de cloroplastos que, contendo clorofila estimulada pela luz, são as organelas fotossintéticas. A segunda diferença é a ausência de uma parede celular relativamente rígida de celulose, um carboidrato semelhante ao plástico. (Os fungos não são plantas. Eles têm uma parede celular tipicamente composta de quitina, um carboidrato fibroso, e não contam com cloroplastos.)

As mitocôndrias, encontradas em quase todos os animais, plantas e células fúngicas, são responsáveis pela respiração; elas produzem a molécula de transferência de energia de ATP (trifosfato de adenosina). As mitocôndrias são minúsculas inclusões envolvidas por uma membrana, que se si-

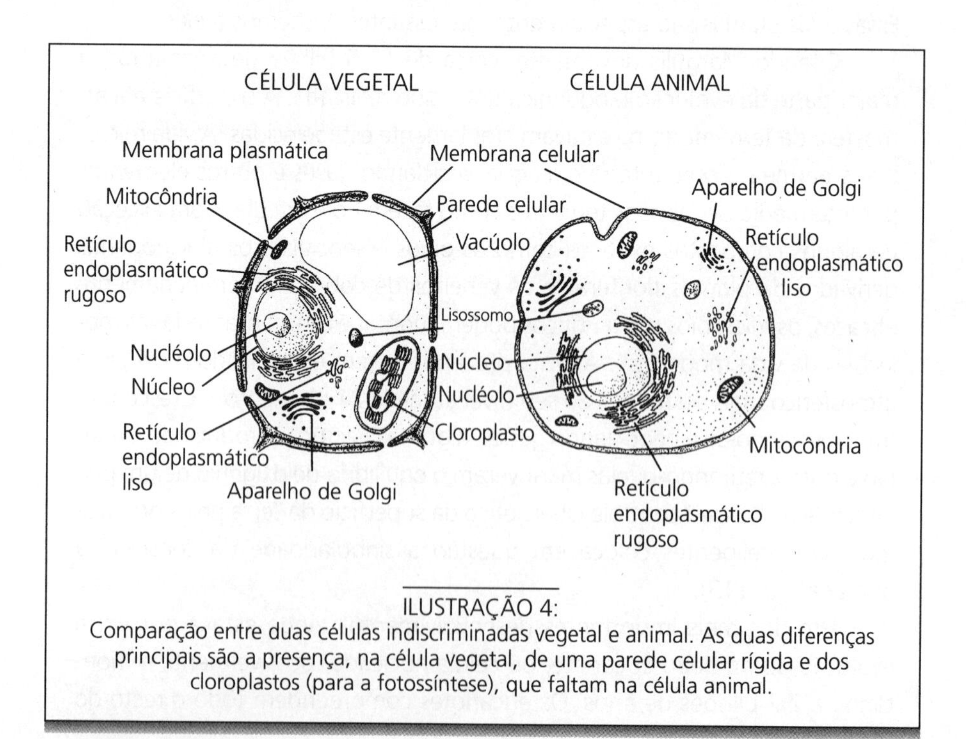

ILUSTRAÇÃO 4:
Comparação entre duas células indiscriminadas vegetal e animal. As duas diferenças principais são a presença, na célula vegetal, de uma parede celular rígida e dos cloroplastos (para a fotossíntese), que faltam na célula animal.

tuam do lado de fora do núcleo e têm os próprios genes compostos de DNA. Os cloroplastos e as mitocôndrias têm lamelas ou invaginações discóides de uma membrana interna.

Uma célula típica também contém dezenas de milhares de ribossomos, minúsculas montagens de proteína e RNA (ácido ribonucléico) que enfileira os aminoácidos nos peptídeos e nas proteínas. O tamanho e a forma dos ribossomos nos eucariotes e procariotes são diferentes.

Por transferência genética, semelhante à que acontece nas células procarióticas, partes genéticas visitantes podem entrar no aparelho genético das células eucarióticas. Mas um mecanismo ainda mais extraordinário de modificação celular parece ser responsável pela capacidade dos eucariotes de criar plantas e animais pluricelulares — ou seja, a aliança simbiótica. Sabe-se hoje em geral que tanto as mitocôndrias quanto os cloroplastos apareceram pela aliança simbiótica de determinadas bactérias que aprenderam técnicas convenientes — a transformação da energia e a fotossíntese, respectivamente — com células nucleadas, que assim lhes conferiram essas importantes capacidades.

E assim chegamos ao terceiro mecanismo primitivo da evolução, a *aliança simbiótica*. Os descendentes das bactérias que respiraram oxigênio nos mares primevos 3 bilhões de anos atrás, residem agora em células de animais, plantas, fungos e protistas (forma de vida unicelular) como mitocôndrias. Algum dia no passado distante, essas bactérias antigas parecem ter estabelecido residência dentro de outras células, disponibilizando dejetos e energia derivada do oxigênio em troca de comida e abrigo. Ao contrário das células nas quais residem, as mitocôndrias reproduzem-se por meio de divisão simples. A exemplo da maioria das bactérias e ao contrário da complicada reprodução do resto da célula nucleada, as mitocôndrias contraem-se e dividem-se em duas para se reproduzir, normalmente assim procedendo em momentos diferentes entre si e com relação ao restante da célula.

Os cloroplastos que são encontrados em todas as células vegetais em que o processo da fotossíntese acontece, são outro exemplo de aliança simbiótica, a fusão de organismos em novos coletivos. Os cloroplastos parecem ser os descendentes das bactérias primitivas que aprenderam a produzir energia química a partir do sol. Em algum momento no passado distante, eles evidentemente "fizeram um acordo" com alguns eucariotes para estabelecer residência e oferecer essa capacidade útil em troca de abrigo.

Ainda outro exemplo de aliança simbiótica é a fusão das espiroquetas com eucariotes para criar os cílios usados para a locomoção dos organismos unicelulares e produzir um transporte de fluido nos organismos pluricelulares. Provoca a imaginação tentar visualizar esses exemplos notáveis de cooperação entre microrganismos como simplesmente tendo acontecido por acaso.

Agora, apenas para resumir tudo isso: no curso da evolução, desenvolveram-se três modos de produção da molécula de armazenamento de energia de ATP. O primeiro foi o das bactérias de fermentação, que o fizeram a partir de moléculas grandes de ocorrência natural. O segundo foi pela "invenção" da fotossíntese e o aprendizado de como aproveitar a energia solar e transformá-la em energia de ATP por substâncias químicas fotossensíveis, incluindo, especialmente, a clorofila. Essas "azul-esverdeadas" floresceram, mas nesse meio-tempo criaram grandes quantidades de um veneno, a saber, o oxigênio. O terceiro e mais eficiente modo de criar ATP foi "inventado" pelas bactérias que desenvolveram o processo de respiração aeróbica, em que a energia destrutiva do oxigênio é usada para decompor as moléculas de alimento e assim liberar as suas partes e energia para serem usadas. O grande salto evolutivo seguinte foram os eucariotes, organismos unicelulares complexos que evoluíram de "cooperativas bacteriológicas" e são as peças básicas para os organismos superiores.

Por mais que se escolha falar sobre a ordenação hierárquica de átomos → moléculas → organelas → células → tecidos → órgãos → organismos → sociedades → Gaia, a tendência autopoiésica parece estar presente pelo menos a partir da célula eucariótica para cima. Num outro sentido, ela parece surgir em bactérias e organelas — nos impressionantes procariotes. Ao considerar as "células como comunidades microbianas" que surgiram ao longo do período evolutivo de antigas alianças bacterianas; nas comunidades microbianas emaranhadas, nas colônias de cupins, liquens, etc.; no sistema único global, Gaia — em todos esses exemplos de "indivíduos ecológicos", mostrando como praticam algum tipo de tendência cooperativa básica — o impulso autopoiésico pode ser observado e explicado. Um mistério subjacente profundo e difuso subsiste.

CAPÍTULO

DOIS

Alguns Enigmas Biológicos

A metáfora da seleção natural deriva da ideologia socioeconômica predominante na época vitoriana, agora rejeitada por quase toda a humanidade. A concepção mecanicista da vida que a inspira é igualmente antiquada e imprópria. Por que deveríamos nos prender a essa metáfora quando ela não pode servir a nenhuma outra finalidade a não ser reforçar os preconceitos que lhe deram origem?

— Mae-Wan Ho (1988)

SAHTOURIS:

Voltemos à questão da teleologia na biologia, uma vez que esse é um enigma central. Considere, por exemplo, a capacidade notável dos procariotes, não só de fazer uso de tudo que pudessem achar no ambiente para produzir a energia necessária para viver, mas também de reinventar-se com a acumulação e a troca facilitada de genes quando as coisas ficavam difíceis por uma ou outra razão. Mais impressionante que tudo, com o passar do tempo, foi a sua mudança de um estilo de vida competitivo, explorador, para um comportamento cooperador, que possibilitou toda a evolução posterior, dos eucariotes até nós.

Essa cooperação que vemos surgir no processo de criar as células eucarióticas, os seres vivos unicelulares nucleados, insinua algo semelhante à consciência ou à intencionalidade. Simplesmente, isso não é suficiente para assumir a posição darwinista de que a extinção dos defeitos explica satisfatoriamente os bem-sucedidos. Isso seria o mesmo que dizer que um inventor humano consegue ter sucesso em suas invenções simplesmente jogando fora os seus projetos defeituosos.

Quando se está tentando explicar eventos evolutivos muito antigos para os quais há um tempo quase infinito a que atribuir as mudanças, parece mais fácil fazer o jogo do darwinismo e supor que as coisas *poderiam* suceder por acaso, uma mutação de cada vez. Mas quando os cientistas, como Lynn Margulis e Mae-Wan Ho, começaram a observar bactérias modernas ao vivo, sem mencionar os organismos maiores, e viram-nas reagindo a mudanças no ambiente por meio de mutações adequadas de maneira muito rápida, ficou impossível negar a inteligência e a intencionalidade.

Ainda assim, apesar da literatura e das conferências pelas quais os biólogos compartilham as informações que coligem nas pesquisas, parece demorar muito tempo para que eles acreditem nas evidências dos outros, especialmente se o clima político interferir. Assim, por exemplo, sabe-se desde as primeiras décadas do século XX que a famosa barreira de Weismann entre as células reprodutoras e as corporais (significando que a existência do organismo não pode afetar os seus genes) não se sustentou porque as células germinativas da maioria dos filos animais e de todas as plantas desenvolvem-se diretamente a partir de células somáticas, significando que as mutações somáticas com relação ao ambiente poderiam ser passadas para as gerações subseqüentes. Isso apoiava a teoria de herança lamarckiana popular entre os cientistas soviéticos, portanto é claro que teria de ser negada no Ocidente darwiniano.

Os nossos modelos por computador da natureza podem reproduzir a complexidade até um certo grau, mas eles são notoriamente insatisfatórios para demonstrar a evolução. Conforme sugeriu Koestler, e eu concordo enfaticamente, as mutações genéticas como erros de cópia ou lesões têm maior probabilidade de ser reparadas inteligentemente do que de ser a fonte de mudanças evolutivas. A evolução simplesmente não pode prosseguir a menos que os indivíduos dentro das espécies possam utilizar inteligentemente a sua central genética de reserva acumulada (e talvez inventar genes novos na hora) quando se defrontam com situações críticas ou querem atuar num novo grau de complexidade.

Cada vez mais os biólogos concluem que os genes — seqüências de DNA que são cópias de proteínas — não são responsáveis pela morfogênese dos organismos. Barbara McClintock (1984) descobriu evidências de que as mudanças evolutivas podem ser provocadas por um aumento natural na transposição do DNA sob tensão. O trabalho dela sobre os elementos transponíveis foi comprovado e minucioso, assim agora está claro que o DNA se reorganiza e troca genes com outras células por intermédio de elementos semelhantes a vírus diversamente conhecidos como transpósons, e como retrotranspósons e retrovírus, com as suas transcrições de RNA para DNA — contrariando a antiga concepção de que as mensagens só vinham do núcleo como transcrições de DNA para RNA. Algumas dessas transferências parecem ser "evolucionariamente relacionadas a vírus 'independentes'", de acordo com H. M. Temin e W. Engels (1984). Os retrovírus são conhecidos por infectar as diversas espécies e penetrar as defesas do embrião do hospedeiro. Os genes podem assim ser ampliados, embaralhados e trocados dentro das células somáticas e entre elas, como também com outros indivíduos e espécies.

Poderia parecer que os organismos têm um conjunto extenso e variado de instrumentos para se reestruturar em níveis genéticos. Essa concepção relativamente nova da capacidade dos organismos de agir inteligentemente na própria evolução é comprovada no uso de expressões como "genes editores", quando toda a explicação é buscada dentro do DNA, ou "campos morfogenéticos", introduzidos por C. H. Waddington (1961) e desenvolvidos por Rupert Sheldrake (1981), quando se buscam fontes mais profundas dessas mudanças além do DNA.

Às vezes, parece que a natureza está sendo muito clara com a sua intencionalidade inteligente, talvez para alertar-nos, cegos cientistas humanos, antes de enveredarmos pelo caminho errado nos nossos desajeitados esforços para controlá-la. A saber, o seguinte relato publicado na seção "I Told You So Department"[5], do jornal *Los Angeles Times*, de 7 de março de 1996: "Num inquietante retrocesso da guerra biológica na agricultura mo-

5. Algo como "Seção Eu Bem que Avisei". (N. do T.)

derna contra as ervas daninhas, uma equipe de pesquisadores dinamarqueses informou hoje que algumas plantas criadas geneticamente e desenvolvidas para resistir a herbicidas podem transmitir esses novos genes às ervas daninhas vizinhas, as quais por sua vez tornam-se resistentes a substâncias químicas que deveriam erradicá-las. Os especialistas disseram que a descoberta é a primeira confirmação do que muitos críticos da nova biotecnologia há muito suspeitavam — que as novas características introduzidas nas plantações geneticamente modificadas [roubadas neste caso] em algumas situações podem ser herdadas pelas ervas daninhas vizinhas e por outras plantas silvestres que pertençam à mesma família geral."

Relatos dessa natureza não surpreenderiam um grupo de biólogos ingleses de que fazem parte Brian Goodwin, Mae-Wan Ho, Jeffrey Pollard e o matemático Peter Saunders, que sem dúvida formam um grupo muito interessante à vanguarda da oposição ao darwinismo e ao neodarwinismo com base em fortes evidências de laboratório e com apoio considerável entre os biólogos nos Estados Unidos. Entre os eventos de que vários integrantes desse grupo participaram, e a que tive o privilégio de comparecer, foram realizadas as Conferências em Camelford sobre as implicações da tese de Gaia, convocadas pelo ecólogo Edward Goldsmith, na Cornualha, no final da década de 1980, com a apresentação de James Lovelock e Lynn Margulis na maior parte. Todo o trabalho deles é altamente pertinente à nossa discussão e pode contribuir muito para dar um grande destaque à biologia num futuro próximo.

Mae-Wan Ho e Jeffrey Pollard (1988), por exemplo, relataram a rápida reestruturação de genomas como reação à tensão, observando esse processo em muitas espécies diferentes de micróbios a plantas e animais. O fenômeno pode provocar, como diz Pollard, "alterações radicais de planos de desenvolvimento independentemente da seleção natural", o que em si pode "desempenhar um papel secundário na mudança evolutiva, aprimorando talvez o ajuste entre o organismo e o seu ambiente".

Agora nos encontramos na nossa quinta geração de antibióticos — que literalmente significam "agentes contra a vida", em grego — porque as bactérias atacadas revidam o ataque evoluindo para novas variedades mais resistentes. No jornal *Los Angeles Times* de 20 de fevereiro de 1996, informou-se que o antibiótico vancomicina, considerado "a grande arma contra as bactérias problemáticas que reagem ferozmente aos antibióticos menos potentes" e "a última proteção contra uma extensa gama de micróbios que podem causar infecções fatais", já não era mais eficaz. Ninguém esperava, disse o *Times*, que "uma bactéria enganaria todos os antimicrobianos, incluindo a poderosa vancomicina, a droga considerada como de último recurso. Observado originalmente na Europa em 1988, o enterococo resistente à vancomicina, uma bactéria gastrointestinal, disseminou-se sistematicamente para o Ocidente; casos esporádicos começaram a manifestar-se na Califórnia em 1994. E embora o enterococo resistente à vancomicina não seja da variedade *Andromeda*, a sua presença indica o despertar sinistro de uma era em que as doenças infecciosas que antes eram curadas facilmente com antibióticos poderiam tornar-se incuráveis. Irrupções na África do mortífero vírus *Ebola* ajudaram a despertar o público para a ameaça de doenças infecciosas incuráveis. Mas os especialistas dizem que o que o público norte-americano, e até mesmo os seus médicos, não percebem é que o problema agora é como as bactérias comuns descobriram meios de sobreviver a um arsenal de antibióticos usados equivocadamente e à exaustão".

Está claro que os enfoques darwinianos da mutação acidental não se aplicam a esses exemplos atuais. Em que isso contribui para esclarecer a antiga evolução — por exemplo, quando as tarefas da vida eucariótica (célula nucleada) eram rateadas entre os vários procariotes (bactérias) que desempenhavam os papéis de cloroplastos e mitocôndrias? A cooperação intencional vista aqui não é nenhuma antropomorfização ingênua; estamos começando a ver que há muito a ser explicado a menos que algo como a consciência e a intencionalidade sejam admitidas. Adiante, quando estivermos discutindo as ciências indígenas, veremos como outras culturas sempre consideraram todas as parcelas da natureza inteligentes e desenvolveram formas de comunicação benéficas e instrutivas com elas.

Sem dúvida, além da inconveniência e das despesas envolvidas em casos como o dos fracassos da engenharia genética, a nossa intervenção nos processos naturais tem conseqüências muito graves para todos nós, possivelmente a ponto de causar um dano global que acabe excedendo os benefícios. Hoje os fazendeiros têm de usar muitas vezes os mesmos pesticidas por hectare em comparação ao que usavam na década de 1940 e continuam encontrando índices cada vez maiores de danos provocados pelos agentes perniciosos, enquanto os consumidores alimentam-se de colheitas cada vez mais envenenadas e os pássaros desaparecem, como predisse Rachel Carson. As internações em hospitais são cada vez mais perigosas em termos das infecções contraídas ali.

Só alguns anos atrás observamos como os micróbios da malária se transformavam com relação ao medicamento criado para eliminá-los. Eles podem ter feito isso pelo processo conhecido como amplificação genética, para aumentar a concentração de enzimas específicas que tornam o micróbio resistente a determinadas toxinas. Depois eles passaram essa "informação" a outros micróbios quando os mutantes viajaram da Ásia para a América do Sul em hospedeiros humanos, logo tornando a prevenção e o tratamento da malária imensamente mais difícil do que fora antes em todo o mundo. Tudo isso aconteceu rapidamente demais para ser justificado pelos meios darwinianos.

HARMAN:

Essa questão das bactérias aparentemente inteligentes, deliberadas, é com certeza um enigma básico não solucionado. Parece-me que o mesmo se dá com o desenvolvimento da forma — a morfogênese. A maioria das teorias sobre o desenvolvimento embrionário nos últimos setenta anos tentou fazer alguma coisa com relação à noção de informação posicional — a idéia de que a atual localização de uma célula e a sua atividade atual fornece a maioria das informações sobre o que ela deve fazer. Ainda assim, conforme você disse, o termo "genes editores", por exemplo, entrou furtivamente no idioma, insinuando a suspeita de que pode haver algo mais do que um mecanismo. A morfogênese subsiste como um dos enigmas fundamentais; assim que a consciência começa a cogitar, é sugerida a metáfora de uma "imagem mórfica".

Esse conceito de uma imagem-guia é um pensamento fascinante. Eu acredito que poderia nos ajudar a entender os principais enigmas da evolução que parecem representar falhas na tese neodarwinista, o que alguns biólogos estão começando a perceber à sua própria maneira. Quero falar um pouco adiante sobre a esclarecedora explicação de Levins e Lewontin sobre a natureza dialética da evolução dos organismos e do ambiente evoluindo juntos. E também sobre Brian Goodwin, que apresenta um enfoque interessante com relação à evolução e à ontogenia da forma. Ele afirma que as informações no DNA são uma determinante necessária mas não suficiente da forma. Tudo isso lança uma dúvida considerável sobre a suficiência das informações nos genes (DNA) para definir plenamente o organismo.

SAHTOURIS:

Com certeza, todos os presentes às conferências sobre Gaia na Cornualha concordariam em que o DNA é uma determinante necessária mas não suficiente da forma. Ho (1988) dá numerosos exemplos de mudanças morfológicas induzidas por condições ambientais durante o desenvolvimento, como a larva da mosquinha-das-frutas exposta a éter em fases ontogenéticas determinadas e respondendo com mudanças previsíveis de forma, ou a *E. coli* que não consegue metabolizar lactose promovendo rapidamente a mutação de dois genes separados para produzir uma enzima metabolizadora de lactose quando colocada em ambientes onde tem de metabolizar lactose para sobreviver. Mais adiante, as mesmas duas mutações exatas apareceram em 31 de 34 réplicas da experiência em laboratórios diferentes. Ela conclui: "É o estado fisiológico da célula num caso e o sistema epigenético do organismo no outro que organicamente selecionam a resposta adequada."

O uso do termo "genes editores" por alguns microbiologistas da corrente oficial predominante de fato atenua o caso que agora aparece com as pesquisas sobre a fluidez e a flexibilidade do genoma e as suas mudanças ao longo da vida dos organismos. Essa fluidez e essa mudança na resposta do fenótipo a mudanças no seu ambiente vão até onde podem nos processos bem casuais do neodarwinismo. Elas não só são indicativas de uma dialética entre o organismo e o ambiente, como também da auto-referência transcendente de ecossistemas inteiros e do planeta como um todo. Acredito que muitos desses enigmas serão esclarecidos de modo muito diferente à medida que incluirmos a consciência e a inteligência no novo paradigma.

HARMAN:

Há uma porção de outros enigmas salientando essa questão. Considere o enigma do reconhecimento. Muito se sabe sobre como os organismos reconhecem os outros da mesma espécie e como reconhecem o sexo oposto. O sistema imunológico do corpo é capaz de reconhecer um tecido como sendo seu ou de algum outro organismo. Os glóbulos brancos do sangue fazem o trabalho surpreendente de reconhecer os invasores de vários tipos. É um pouco difícil ver como essa capacidade pode ser explicada por um "programa" no DNA.

Mas há muitas outras formas de padrões de comportamento inatos (que costumam ser chamados de "comportamentos instintivos") que também remontam a mistérios fundamentais. Por exemplo, eu penso na capacidade espantosa de insetos e pássaros migrantes para viajar para o lugar certo. Por exemplo, considere a borboleta Monarca. Esses lindos espécimes viajam para o sul em grandes enxames e invernam em lugares específicos da Califórnia e do México; na primavera e no verão, eles migram em direção ao norte novamente, viajando a lugares a quase 4 mil quilômetros de distância. No entanto, viajam só parte da distância, põem os ovos e morrem. A geração seguinte surge da crisálida e continua a viagem em direção ao norte; e assim por diante. Quatro gerações depois de uma borboleta ter deixado uma árvore de eucalipto perto de Santa Cruz, Califórnia, os seus descendentes retornam *à mesma árvore!* Esse fenômeno extraordinário parece ao menos um pouco mais fácil de entender caso se concorde com a possibilidade de uma mente coletiva no nível da espécie.

Muitos outros padrões migratórios propõem questões semelhantes. As tartarugas marinhas, depois de se alimentar durante vários anos ao largo da costa do Brasil, nadam por cerca de 4 mil quilômetros até a ilha da Ascensão, que tem menos de 15 quilômetros de diâmetro. A ilha da Ascensão está livre de predadores, logo é evidente a atração que exerce sobre as tartarugas. Mas como as tartarugas navegam até um ponto minúsculo num oceano tão vasto? Elas não podem ser guiadas pelo gosto da água de esgotamento da ilha no mar, por exemplo, porque a terra árida não tem praticamente nenhuma fonte de água.

O salmão encontra o seu caminho desde centenas e até mesmo milhares de quilômetros de distância da praia até o rio e o mesmo riacho de que partiu anos antes. Foram propostos vários sistemas de auxílio à sua navegação, incluindo o magnetismo terrestre, a posição do Sol, a polaridade da luz, campos elétricos e a detecção do gosto do riacho nativo dissolvido em milhões de metros cúbicos de água do mar. Até mesmo com essas possibilidades em mente, pareceria impossível o salmão fazer o que milhões deles fazem todos os anos.

As enguias européias chocam os seus ovos no mar de Sargaços, não muito distante da América do Norte. As enguias em estado larval cruzam o oceano Atlântico em direção à Europa, demoram-se nas águas litorâneas, mudam de forma, então sobem os rios para amadurecer. Por fim, descem a corrente e encontram o caminho de volta aos territórios de procriação que deixaram para trás anos antes.

SAHTOURIS:

Praticamente tudo na biologia, incluindo esses enigmas, relaciona-se ao conceito central da evolução, neodarwiniano ou algum outro. Eu gostaria que examinássemos esse campo muito mais detidamente. Em meu livro *Earthdance* (1996), eu disse:

> "Desde Darwin, a nossa concepção geral da evolução tem sido de uma batalha entre os seres, lançados uns contra os outros numa competição em face de suprimentos de alimentos insuficientes. Só agora estamos em condições de entender a Terra inteira como um corpo vivo — uma dança única composta de muitos dançarinos com os seus padrões complexos de interação em constante mutação. A competição e a cooperação podem ser vistas tanto dentro como entre as espécies, enquanto elas, em conjunto, improvisam e evoluem, desequilibram e reequilibram a dança. A evolução é essa dança improvisada em que o equilíbrio ecológico (a coerência mútua) é buscado de maneira incessante.

Lembre-se de que os seres vivos têm de mudar para permanecer os mesmos; eles têm de se renovar e se ajustar às mudanças que os rodeiam. Os coelhos evoluem juntamente com o seu hábitat[6], assim como todos os seres vivos evoluem de modo interligado com a evolução de tudo o mais ao seu redor.

Levou mais de um século após a publicação da teoria de Darwin para entendermos que os ambientes não são lugares já prontos que forçam os seus habitantes a se adaptar a eles, mas ecossistemas criados de, por e para seres vivos [...] à medida que eles transformam e reciclam os materiais da crosta terrestre. Essa concepção também é coerente com a de Ervin Laszlo." (1996).

HARMAN:

Sim, a evolução é uma metáfora tão fundamental na biologia que quase todas as questões acabam sendo feitas nos seus termos: como evoluíram esses surpreendentes padrões instintivos? Isso é um mistério desde o próprio começo. Até mesmo o surgimento da vida parece muito difícil de considerar em termos de um acontecimento. Então, até mesmo nesse nível da forma mais simples de vida, Lynn Margulis identifica três mecanismos principais da evolução que parecem ter sido importantes ao longo dessa fase inicial da história da Terra: a mutação do DNA, a transferência genética bacteriana e a aliança simbiótica. A mutação parece não ser completamente fortuita; há evidências de que no nível unicelular ela pode ser bastante intencional. A transferência genética também às vezes parece mais do que fortuita. E já observamos o fenômeno da aliança simbiótica "intencional".

SAHTOURIS:

As evidências de laboratório, como eu disse antes, colocam-se muito fortemente do lado da interação inteligente entre os organismos e o ambiente em todos os níveis, incluindo o genoma, desde que estejamos abertos como cientistas para ver isso. Deixe-me citar o meu livro novamente:

> "O neodarwinismo é um modo enganoso de considerar a natureza. A noção da separação de todos os seres vivos, competindo uns com os outros na sua luta contra os desafios da natureza, estabelece a própria disposição da sociedade para a produção indus-

---

6. No original, *"Rabbits evolve together with their 'rhabitats'"*; no caso, um trocadilho impossível de reproduzir em português. (N. do T.)

trial competitiva e exploradora. Agora, à medida que nós mesmos temos de aprender a harmonizar a nossa maneira de ser com a do resto da natureza em vez de explorar a natureza e uns aos outros impiedosamente, essa noção faz um pouco mais de sentido que a noção de que as nossas próprias células são seres separados competindo uns com os outros para sobreviver nos nossos corpos hostis. Não é mais conveniente nem produtivo ver-nos forçados a competir uns com os outros para sobreviver numa sociedade hostil, cercados por uma natureza hostil.

Estamos sentindo a pressão para mudar toda a estrutura da biologia porque agora vemos até que ponto ela foi desenvolvida para se ajustar a um clima político-econômico e não para se ajustar a observações imparciais da natureza. Os primeiros seres vivos da Terra, as bactérias, que reinaram supremas até 2 bilhões de anos atrás, encontraram um esquema cooperativo inteligente de trocar informações e compartilhar tarefas que persistem até os nossos dias. Não que elas não tenham atravessado fases em que houve competição, mas essa também foi um processo de informação, e quando já não funcionava mais elas desistiram dele para cooperar como células nucleadas."

HARMAN:

É uma declaração corajosa, que o neodarwinismo seja um modo enganoso de considerar a natureza; ainda assim, estou inclinado a concordar.

Os conceitos básicos envolvidos na hipótese de Darwin relativos à origem das espécies eram de adaptação, herança (e variação) e seleção natural. Os organismos tendem a se adaptar ao ambiente. Eles estão sempre em competição pelos recursos de que precisam — alimento, locais seguros para se reproduzir e assim por diante. A variabilidade entre os componentes de uma população desempenha um papel central; os parceiros que possuem as características que conduzem à melhor adaptação tendem a sobreviver. À medida que o ambiente muda, as pressões pela sobrevivência forçam as mudanças correspondentes nas populações. Esse processo pode provocar o surgimento de novas espécies, mais bem adaptadas, e a extinção das que deixam de mudar satisfatoriamente. A suficiência dessa concepção (ampliada pela compreensão detalhada da herança que acompanhou a descoberta do DNA) foi aceita amplamente.

No entanto, vendo-se tudo isso com um novo olhar, parece haver amplas evidências capazes de lançar dúvidas sobre a perfeição da concepção neodarwinista ortodoxa da evolução. Talvez o problema mais geral seja o efeito cumulativo, com o passar do tempo, das tendências autoformadoras (*autopoiésicas*) dos organismos (veja o próximo capítulo). A evolução em si tem um aspecto autopoiésico não considerado na concepção prevalecente. Então existe a capacidade surpreendente dos organismos grandes e pequenos para se adaptar a ambientes em constante mutação; a evolução dialética do sistema global unitário (Gaia); o surgimento relativamente súbito de novas espécies, famílias e filos depois das grandes extinções; os incríveis padrões instintivos em todo o reino animal — a lista continua sempre sem parar. (Veja o Interlúdio que se segue a este capítulo.)

Por exemplo, muitos casos indicam que a função pode ocorrer antes da estrutura em evolução. Alguns desses casos foram reconhecidos pelo próprio Darwin. Estou pensando, por exemplo, na questão de estruturas e funções *análogas*. Considere o olho, que parece ter sido "inventado" separadamente tantas vezes. Numerosas formas de olhos (mamíferos, insetos, crustáceos, etc.) evoluíram, aparentemente bastante separadas umas das outras e com "soluções" distintamente diferentes para a função anterior de ver. E então há o vôo. Os biólogos fizeram denodados esforços para adivinhar como uma inovação tão radical como o vôo evoluiu em pterossáurios, pássaros, morcegos e insetos; mas nenhuma hipótese convenceu. Outro exemplo do tipo são os mecanismos pelos quais as plantas carnívoras (por exemplo, a dionéia pega-mosca, a sarracênia) atraem, capturam e digerem insetos que são as suas presas. Não fosse por medo de parecer sucumbir à tentação do antropomorfismo, poder-se-ia deixar-se tentar pela suposição de que os organismos desenvolveram olhos porque "queriam" ver, que outros desenvolveram asas para voar e que algumas plantas evoluíram "intencionalmente" como comedoras de insetos.

Considere uma questão óbvia como a da evolução da girafa. A resposta aceitável acompanha o mesmo raciocínio relativo aos mutantes com pescoço mais longo, que lhes permitia alcançar folhas superiores e conseqüentemente inclinar o processo da seleção a seu favor.

Isso ainda deixa muita coisa a ser explicada quanto à seleção natural. A protogirafa não só teve de alongar as vértebras do pescoço (fixadas em sete nos mamíferos), mas também fazer muitas modificações simultâneas: a cabeça, difícil de sustentar sobre o longo pescoço, ficou relativamente menor; o sistema circulatório teve de aumentar a pressão para enviar o sangue mais alto; foram necessárias válvulas para prevenir o excesso de pressão quando o animal baixava a cabeça para beber; eram necessários pulmões grandes para compensar a retomada do fôlego através de um tubo de 3 metros de comprimento; muitos músculos, tendões e ossos tiveram de ser modificados harmoniosamente; as pernas dianteiras foram alongadas com a reestruturação correspondente do arcabouço; e muitos reflexos tiveram de ser refeitos. Todas essas coisas tiveram de ser realizadas em etapas e devem ter sido terminadas rapidamente, porque nenhum registro [fóssil] da maior parte da transição foi encontrado. A idéia de que tudo possa ter ocorrido por meio de mutações fortuitas sincronizadas levanta entraves à definição de acaso (Robert G. Wesson, 1991, p. 226).

Stephen Jay Gould (1989), porém, oferece a sugestão igualmente plausível de que os pescoços longos mostraram-se vantajosos em rituais de namoro.

E então há a questão da herança de características adquiridas. Conforme você insinuou anteriormente, o lamarckismo foi amplamente considerado um conceito equivocado. Os geneticistas moleculares acharam difícil conceituar como um animal ou planta poderiam reagir geneticamente a condições externas. Ainda assim, muitos exemplos existem onde certamente parece que os organismos reagem geneticamente aos sinais do ambiente, incluindo os exemplos que você deu, dos organismos desenvolvendo resistência a antibióticos, herbicidas e pesticidas.

SAHTOURIS:

Os cientistas, em geral, tendiam a lidar com esses tipos de exemplo um de cada vez e procuravam ajustá-los ao "dogma central" da biologia molecular, isto é, que não pode haver nenhuma transferência de informação de organismo para genoma. Mas as evidências que citei anteriormente desmentem esse dogma. Repetindo, agora pode-se observar que os genes podem ser ampliados, incluídos e trocados entre as células e até outros organismos ao longo de todo o seu desenvolvimento e mesmo durante a vida inteira do organismo. Genes alterados por meio de interações do organismo com o seu ambiente podem ser passados às suas células germinativas.

Para mim é interessante recordar que em 1985, na solidão de uma pequena ilha grega onde eu estava trabalhando para montar uma história coerente da evolução, bem antes de saber qualquer coisa sobre esses investigadores ou os seus resultados, escrevi:

"Parece mesmo ainda mais provável que o DNA possa se reorganizar — ou ser reorganizado por outros componentes celulares — para reparar o tipo de mudança acidental que foi considerado como a única maneira de evolução. Seria agradável pensar que não somos apenas o resultado da acumulação de muitos acidentes e erros de cópia, mas seres que pelo menos em parte se organizaram e evoluíram em harmonia com os outros seres vivos que formam o nosso ambiente."

Compare esse comentário com a citação de Mae-Wan Ho no início deste capítulo, ambos escritos bem antes de conhecermos algo do trabalho ou das idéias uma da outra.

HARMAN:

Considerando essa concepção abrangente, estou impressionado com as implicações da extraordinária "experimentação" com uma multidão de modelos "inventivos" que parecem caracterizar a evolução. Sei que houve muitas tentativas de explicar a explosão cambriana e episódios semelhantes na história evolutiva, mas uma vez que se admite algo como a consciência, há uma forte sedução para conceituar os períodos de irradiação extraordinária em termos da metáfora de criatividade.

Quando falamos em evolução, em geral pensamos no que é chamado de "microevolução", incluindo as mudanças permanentes, baseadas na genética, que acontecem dentro das espécies à medida que elas se diferenciam em diferentes e reconhecíveis raças ou subespécies que vivem em áreas geográficas diferentes ou sob condições climáticas diferentes. A maioria dos biólogos tem poucas dúvidas de que os principais mecanismos darwinianos de formação da espécie — mutação fortuita, isolamento geográfico, seleção natural — fazem parte desse quadro. (Já observamos que as mutações não parecem ser completamente fortuitas e podem ser bastante "intencionais", por mais perturbador que esse pensamento possa ser para os que rejeitam qualquer idéia de influência teleológica na evolução.)

A situação é diferente no que diz respeito à macroevolução — as grandes mudanças na forma, complexidade de organização corporal e modo de vida que ocorreu ao longo do amplo espectro da história evolutiva, conforme revelado pelos registros fósseis e estudos da anatomia comparativa e da fisiologia dos organismos existentes. A extraordinária irradiação cambriana preservada nos *Xistos de Burgess* (Gould, 1989) não foi de espécies, mas de filos (quer dizer, basicamente planos de corpos diferentes) e classes. (Veja o Interlúdio imediatamente após este capítulo.) Em seguida às extinções em massa de aproximadamente 550 milhões de anos atrás, algo da ordem de cem novos filos apareceram "de repente" ao longo de um período de 10 milhões de anos, dos quais apenas aproximadamente trinta sobrevivem hoje em dia. Esses filos não parecem ter sido o resultado de um grande número de mudanças nas espécies. A macroevolução aguarda uma explicação teórica satisfatória. Parece mais fácil conceituar quanto à concepção holárquica do que quanto aos pressupostos neodarwinistas.

Formas de animais e plantas radicalmente novas apareceram na cena evolutiva com instantaneidade relativa e sem as esperadas formas transitó-

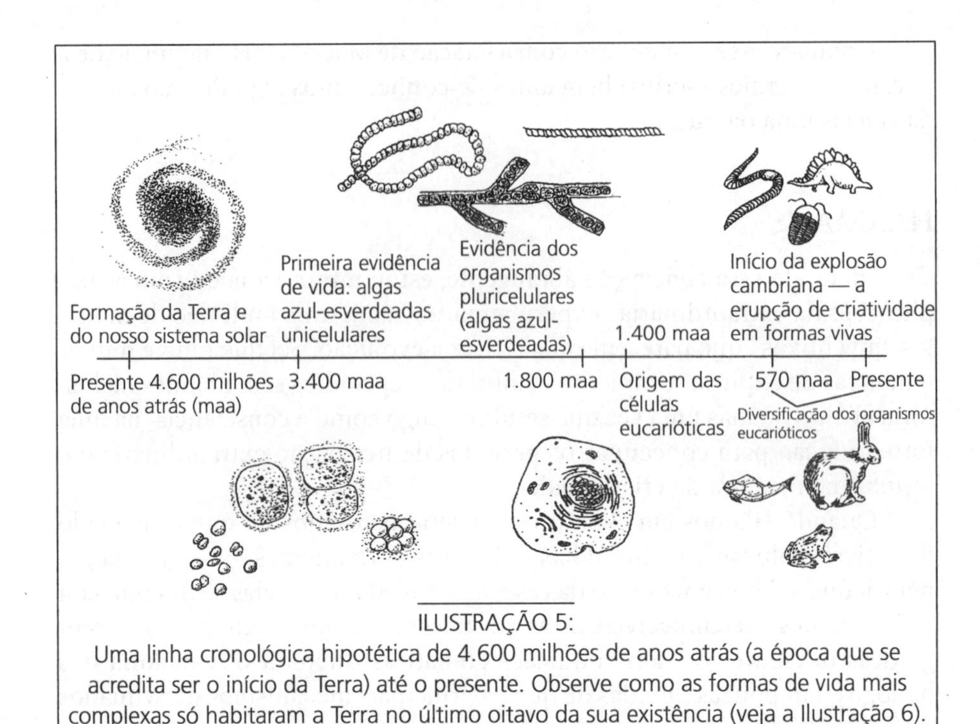

ILUSTRAÇÃO 5:
Uma linha cronológica hipotética de 4.600 milhões de anos atrás (a época que se acredita ser o início da Terra) até o presente. Observe como as formas de vida mais complexas só habitaram a Terra no último oitavo da sua existência (veja a Ilustração 6).

[J. W. Schopf, 1978, *in Evolution*, livro publicado pela Scientific American. M. Kimura, ed. W. H. Freeman and Co.]

rias unindo as lacunas enormes que separam as principais divisões dos organismos. O problema fundamental apresentado pelas lacunas nos registros fósseis é o seu caráter sistemático.

Foi postulado que novas espécies surgem rapidamente em populações perifericamente isoladas e depois se disseminam por uma área geográfica extensa, sofrendo poucas mudanças adicionais ("equilíbrio interrompido"). Esse processo pode explicar bem os intervalos entre as espécies, mas que ainda parece deixar inexplicadas as principais descontinuidades. Por exemplo, costuma-se com freqüência considerar que os pássaros teriam evoluído dos répteis, mas que tipo de caminho poderia ser reconstruído que permitisse imaginar as escamas de um réptil evoluindo para as asas emplumadas de um pássaro? O neodarwinismo contém o pressuposto implícito de que todas as variações são relativamente pequenas, as grandes mudanças sendo constituídas de uma acumulação das pequenas. Mas algumas mudanças são muito difíceis de ser concebidas dessa maneira — por exemplo, o membro do mamífero tornando-se a asa do morcego (surgimento da ordem *Chiroptera*).

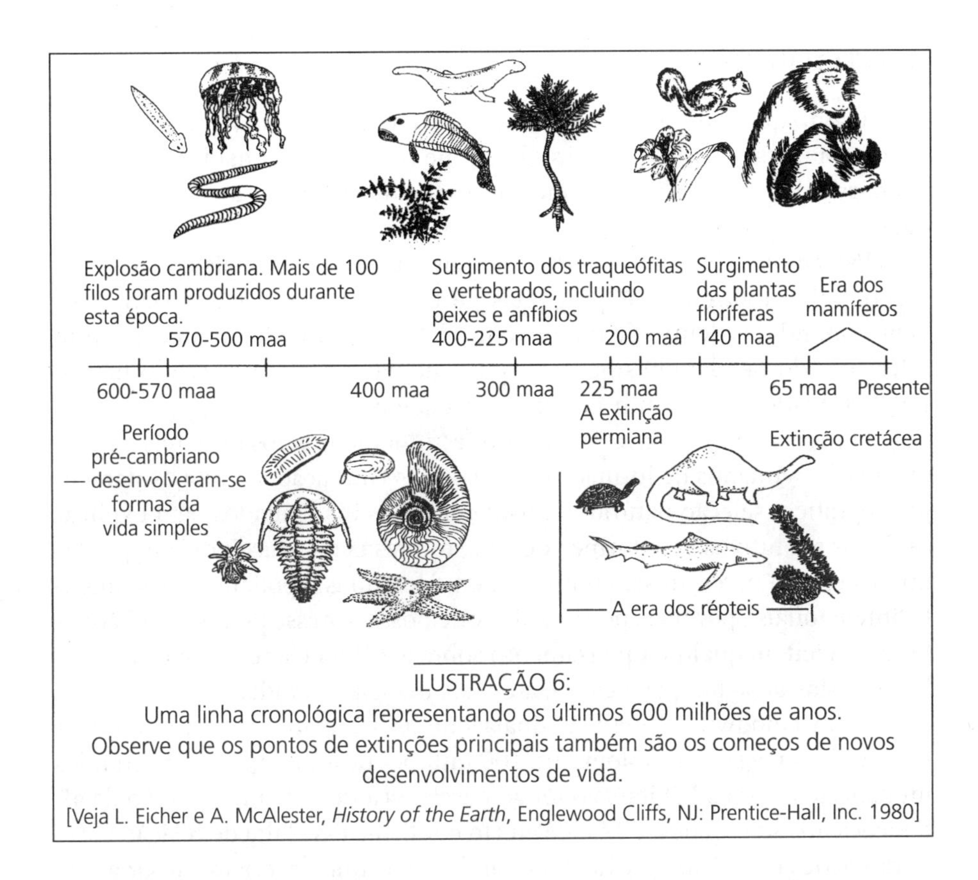

ILUSTRAÇÃO 6:
Uma linha cronológica representando os últimos 600 milhões de anos. Observe que os pontos de extinções principais também são os começos de novos desenvolvimentos de vida.

[Veja L. Eicher e A. McAlester, *History of the Earth*, Englewood Cliffs, NJ: Prentice-Hall, Inc. 1980]

Conforme insiste o ilustre biólogo Ernst Mayr (1988), "não há nenhuma evidência clara de qualquer mudança de uma espécie num gênero diferente ou do surgimento gradual de qualquer inovação evolutiva". As descobertas dos biólogos moleculares deixam claro que, no nível fundamental da estrutura molecular, cada membro de uma classe parece igualmente representativo dessa classe e nenhuma espécie parece ser em nenhum sentido verdadeiro "intermediária" entre duas classes. A natureza, em suma, parece ser profundamente descontínua. O neodarwinismo pode explicar mudanças graduais pequenas, mas não o surgimento repentino de formas radicalmente novas que constituem um dos principais enigmas dentro dessa estrutura. É um erro lógico supor que, se uma certa porção da evolução pode ser responsabilizada pela mutação e pela seleção natural, segue-se a possibilidade de que *qualquer* grau de evolução pode ser considerado dessa maneira.

Tudo isso não parece uma mente criativa em ação?

SAHTOURIS:

Eu imagino que muitos biólogos evitariam o pensamento a que vou me referir num instante. Mas primeiro deixe-me repetir que considero o quadro neodarwinista da evolução como um todo insatisfatório à luz dos novos dados.

Parece que chegamos a um ponto em que pode ser mais conveniente refletir sobre todas as suas perguntas juntas e ver se elas não seriam mais bem respondidas dentro de um novo modelo que parte de premissas muito diferentes do neodarwinismo — o qual, me parece, estamos sendo literalmente forçados a substituir por algo mais adequado.

Particularmente, existem graves questionamentos aos principais mecanismos darwinianos de formação das espécies (mutação fortuita, isolamento geográfico, seleção natural), considerando-os inadequados para explicar os dados evolutivos. Conforme você diz, muitas evidências indicam que "as mutações não parecem ser completamente fortuitas e podem ser totalmente 'intencionais', por mais perturbador que possa ser esse pensamento àqueles que rejeitam qualquer pensamento sobre a influência teleológica na evolução". Mas eu acho que o caso é até mais instigante ainda.

Brian Goodwin (1994b) assinala que as salamandras pletodontídeas não mudaram a sua morfologia em 100 milhões de anos, apesar das grandes mudanças nos seus hábitats ao longo desse período e de uma porção de alterações nos seus genes. E Mae-Wan Ho confirma essa falta de relação entre as mutações genéticas e as variações ambientais que deveriam causar a "seleção natural" de formas novas, observando que "as variações são geradas pela interação fisiológica entre organismo e ambiente, a persistência das variações sobre as gerações não depende da seleção natural mas da hereditariedade! As variações na verdade persistiriam na ausência da seleção natural, desde que a hereditariedade atuasse a seu favor. [...] Há muita confusão conceitual nesse caso e um bom filósofo da biologia deveria tentar organizá-la no futuro" (1988).

Só para interromper e mostrar que há maneiras muito diferentes de considerar o processo da evolução como um todo, eu gostaria de entrar um pouco em detalhes sobre a maneira como um geólogo russo do início do século XX, V. I. Vernadsky, entendeu a evolução da Terra como um todo. Vernadsky conta que o seu tio, o filósofo russo Y. M. Korolenko, teria lhe dito que a Terra é um ser vivo, embora não fique totalmente claro se Vernadsky acreditou. Não obstante, os estudos dele sobre a Terra levaram a uma concepção muito diferente da vida do que a de outros cientistas: ele chamou a vida de "uma dispersão da rocha", um processo geoquímico transformando magma em rocha e em seres vivos.

Vernadsky considerou a crosta da Terra transformando radiação cósmica nas suas próprias formas de energia e se acondicionando em células e seres vivos pluricelulares, acelerando as suas trocas químicas com enzimas, transformando-se em seres vivos em permanente evolução e retornando ao estado de rocha. Essa concepção da matéria viva como um contínuo de matéria planetária não-viva, e como uma transformação química dessa, é muito diferente da concepção da vida desenvolvendo-se como seres vivos individuais adaptados aos seus ambientes. Embora essa concepção de Vernadsky tenha estimulado muitas pesquisas na União Soviética, ela nunca se tornou amplamente conhecida no Ocidente, apesar de ter sido introduzida nesse hemisfério por G. E. Hutchinson, professor emérito de zoologia na Yale University.

Esse conceito de todos os seres vivos juntos como matéria viva postula que a parte viva da crosta terrestre está sempre energizada o bastante para transformar efetivamente as partes mais passivas nelas mesmas e nos seus produtos. Tendo causado rubores a princípio, esse conceito de matéria viva parece ser igual ao conceito de biota de Lovelock (1988) — a soma total dos seres vivos, contrastado com o abiótico, ou ambiente não-vivo. Mas na concepção de Vernadsky a ênfase recai sobre a continuidade geobiológica, na transformação cíclica do domínio biológico em domínio geológico e vice-versa, considerando que na concepção de Lovelock a ênfase recai sobre a interação daqueles domínios como partes separadas.

Estranhamente, Vernadsky, que aparentemente não considerava o planeta como um todo vivo, percebeu a sua integridade mais fundamentalmente do que Lovelock. Na concepção de Vernadsky, as mesmas moléculas eram consideradas como sendo parte da rocha em algumas épocas e parte dos seres vivos em outras. Por exemplo, ele rastreou a presença do fósforo passando por plantas e animais até chegar à matéria decomposta e aos excrementos, daí por meio da erosão indo para os oceanos, adicionado ali pela matéria vulcânica, parte convertida em diatomito, formando sedimentos e fósseis. Os sedimentos do fundo do oceano, contendo imensas quantidades de algas e conchas de animais, passam inteiramente pelos intestinos de vermes que se alimentam de areia e lama e as transformam, da mesma maneira que a terra é transformada pelas correspondentes minhocas que se alimentam de terra na parte seca do planeta.

A atividade geológica dos seres vivos também inclui a sua produção de gases atmosféricos e a transferência da água subterrânea para a atmosfera, um processo claramente visível na ação de bombeamento das florestas tropicais — a chuva que cai dissolve então mais terra e rocha. De maneira geral, porém, a atividade geológica dos seres vivos é tanto menor quanto maiores eles são, e a maior parte desse trabalho é feita pelos micróbios e vermes que se alimentam de rocha, lama ou terra. Alguns microrganismos contêm de meio a um milhão de vezes mais de algum mineral, como ferro, manganês ou prata, do que o seu ambiente, deixando veios desses minerais onde se congregam e se desintegram. Os microrganismos são até mesmo responsáveis pela concentração de materiais radioativos, como o urânio, possivelmente para se manter aquecidos; os pássaros óscines australianos criam reatores químicos como ninhos para os seus ovos.

Vernadsky, portanto, compreendeu o metabolismo como a atividade de toda a matéria viva considerada em conjunto assim como a de um organismo qualquer. Uma vez que praticamente toda a atmosfera terrestre, os mares, a terra e a rocha, até mesmo os seus mais puros e duros diamantes, tudo é feito dos corpos mortos e subprodutos dos organismos, está claro que a vida é a mais poderosa das forças geológicas! O registro da evolução encontra-se em toda a geologia, não só nos fósseis encontrados — conforme reflete o título do livro de Vernadsky, chamado *Traces of Bygone Biospheres* (Lapo, 1982)[7].

Uma noção interessante do pensamento de Vernadsky é a de que os biólogos deveriam reclassificar os organismos vivos com base no metabolismo dos seus indivíduos, ou espécies. Ele argumentou que a nossa classificação atual de reino para espécies, passando por filo, classe, ordem, família e gênero, levou-nos a classificar como relacionados muitos organismos que, na verdade, não têm relação entre si segundo as condições naturais. Um esquema melhor, achava ele, seria dividir os reinos de acordo com a maneira pela qual cada uma das espécies metaboliza a alimentação do seu ambiente, começando com os autótrofos, incluindo os fotoautótrofos — organismos "que se alimentam de si mesmos", que podem fabricar as suas próprias proteínas e os seus ácidos nucléicos a partir de moléculas simples e elementos como minerais, água e gás carbônico. A segunda categoria principal seria a dos heterótrofos — organismos que se alimentam de outros porque não conseguem produzir moléculas grandes a partir das básicas, mas têm de incorporá-las comendo outros organismos. A terceira categoria seria a dos saprótrofos — os que se alimentam dos mortos e assim reduzem as moléculas grandes de volta às básicas que os autótrofos podem usar. A quarta categoria, a dos mixótrofos, é capaz de efetuar o metabolismo de mais de uma maneira. São feitas distinções mais precisas dentro dessas categorias considerando que os heterótrofos alimentam-se de outros heterótrofos e assim por diante.

---

7. Literalmente, *Vestígios de Biosferas Antigas.* (N. do T.)

O que é intrigante nesse esquema é que os organismos não são classificados pela sua estrutura, mas pelas suas funções dentro do processo da vida geobiológica como um todo. Os organismos são reconhecidos como pacotes auto-organizados da crosta da Terra com energia suficiente para transformar a matéria mais inerte ao redor.

A energia da matéria viva às vezes explode de modo quase inacreditável. Calculou-se que, num único dia, uma praga de gafanhotos seria capaz de ocupar 6 mil quilômetros cúbicos de espaço e pesar 45 milhões de toneladas! É o metabolismo heterotrófico dos gafanhotos, é claro, que os torna uma praga, a maneira como eles convertem de repente vastas quantidades das colheitas autotróficas, plantadas por humanos, nos seus corpos, embora esses revertem depressa para a terra depois da sua curta vida. A maior parte da atividade biogeológica transcorre de modo menos radical — embora seja impressionante o bastante considerar que uma única lagarta pode comer duzentas vezes o seu peso por dia e que as minhocas digerem de 9 a 17 toneladas de terra por cerca de meio hectare por ano nos seus intestinos, transformando esse material num meio fértil para as plantas. Observe que hoje os seres humanos estão destruindo a terra fértil a uma taxa muito mais alta que a capacidade das minhocas de produzi-la.

A mecânica darwiniana forçou-nos a considerar os organismos em contraste com um ambiente de fundo ao qual eles devem se adaptar, uma concepção que se tornou tão patente na nossa ciência que quase nem sequer podemos conceber ver, ou ordenar o que vemos, de outra maneira. Considero Vernadsky um meio revigorante de romper com esse sistema e ver as coisas de uma perspectiva nova, mais de acordo com a minha concepção da evolução como uma dança improvisada coerente.

Acho que deixei bem claro até agora que não sou neodarwinista, que considero a natureza como um todo inteligente e interativo nessa dança improvisada. Relutei em chamar isso de "mente criativa", porque pensei na natureza como inteligente exatamente da maneira como o nosso corpo é inteligente além do alcance da nossa mente consciente conhecida. Ainda que há muito tempo os fisiologistas tenham aceitado a inteligência do corpo, eles não o contemplam com uma "mente" no sentido habitual, embora eu com certeza concorde que ele demonstre ter uma "mente" no sentido de "mente da natureza" da obra de Gregory Bateson (1980). A sua "metáfora de criatividade" na evolução, por outro lado, parece-me uma atenuação da verdade. Onde, se não nas nossas observações da natureza, reconheceríamos a criatividade primeiro? A criatividade natural é a metáfora, ou é a fonte das nossas metáforas para todo o esforço humano para ser criativo?

A minha metáfora para a evolução como uma dança improvisada parece até mesmo mais apropriada no nível genético, no qual cada célula parece reavaliar, atualizar e trocar partes do seu DNA como acontece. A palavra "evolução", quando usada para comentar a dança humana, significa os diversos tipos de passo em qualquer dança. Uma dança evolui assim quando os seus passos mudam para novos tipos à medida que a dança continua. Exatamente nesse sentido, a evolução da "dança de Gaia", da vida terrestre, são os diversos tipos de passo na auto-organização entrelaçada dos seres vivos e dos seus hábitats ao longo do tempo. Vemos que essa dança é eternamente inventiva. Experimentar novos passos numa dança chama-se improvisar, uma vez que uma dança criativa não é planejada com antecedência. Ao contrário, os dançarinos improvisam na hora, testando a maneira como cada passo novo se ajusta aos outros passos e com a dança por inteiro. Os passos básicos podem ser usados vezes seguidas em novas combinações, acrescentando-se passos novos às vezes. Assim como Brian Goodwin, considero essa evolução natural como o mais experimental possível, sem intenção teleológica, mas limitada pelas exigências da coerência mútua.

Na evolução biológica, todos os seres vivos, das primeiras bactérias até nós, foram compostos de DNA e moléculas de proteínas. Os padrões muito complexos dessas moléculas gigantescas são quase inteiramente constituídos de apenas seis tipos de átomos — hidrogênio, carbono, nitrogênio, oxigênio, fósforo e enxofre. Há muito poucos tipos de proteína ou outras moléculas na Terra hoje cujos padrões as antigas bactérias já não tenham inventado bilhões de anos atrás. Nem foram desenvolvidos quaisquer processos vitais básicos novos desde que os primeiros procariotes inventaram os três modos de produzir as moléculas de energia de ATP comentadas anteriormente no Interlúdio sobre os procariotes: a fermentação, a fotossíntese e a respiração. Vernadsky observou que os organismos incorporaram e criaram 99,9 por cento de todos os tipos de moléculas encontrados na natureza, quase todos eles bilhões de anos atrás, quando as bactérias eram os únicos seres vivos existentes. Em outras palavras, a evolução desde aquela época tem sido uma questão de rearranjar as mesmas moléculas e os processos vitais numa variedade infinita de padrões de novos seres vivos. Essa, portanto, é a dança da Terra — a improvisação e a elaboração infinitas de passos elegantemente simples no ser incrivelmente belo e complexo do qual somos uma das partes mais novas.

Tentar sustentar que a Terra conseguiu prosseguir com essa criatividade incessante e essa harmonia dinâmica por 5 bilhões de anos sem uma auto-referência transcendente (conhecimento de si mesma) ou uma inteligência consciente (uso de informações conscientes) ou até mesmo sem uma "mente criativa" é preparar um enigma, não resolver enigmas.

Interlúdio

DOIS

O Neodarwinismo e os seus Problemas

Os conceitos básicos envolvidos na hipótese de Darwin com respeito à origem das espécies eram adaptação, herança (e variação) e seleção natural. Os organismos tendem a adaptar-se, as mais das vezes com perfeição, ao seu ambiente. Os descendentes assemelham-se aos pais, mas também acontece a variabilidade fortuita — diferenças de tamanho, cor, força, velocidade, taxa de crescimento e assim por diante. E os organismos estão sempre em competição pelos recursos de que necessitam — alimento, um lugar seguro para acasalar e criar a prole. Nesse caso, a variabilidade entre os indivíduos de uma população desempenha um papel fundamental; os indivíduos que possuem as características que levam à melhor adaptação tendem a sobreviver. À medida que o ambiente muda, as pressões pela sobrevivência forçam mudanças correspondentes nas populações. Esse processo pode ocasionar o surgimento de novas espécies, bem adaptadas e a extinção das que deixaram de mudar satisfatoriamente. Assim, a história da vida é uma narrativa de mudanças perpétuas em que a história, a hereditariedade e a adaptação pela interação competitiva são os ingredientes de uma biologia evolutiva.

Os conceitos básicos da genética foram descobertos por Gregor Mendel (publicados em 1866, mas ignorados até o século XX); o conhecimento do mecanismo envolvido sucedeu a descoberta do papel da hélice dupla do DNA (ácido desoxirribonucléico) por Francis Crick e James Watson na década de 1950. A síntese desse mecanismo hereditário com os conceitos darwinianos é o que geralmente é chamado de neodarwinismo. Não deveria haver nenhuma dúvida de que o neodarwinismo parece explicar muita coisa. Não fosse isso, a teoria não seria tão durável quanto provou ser, nem tão universalmente adotada como a estrutura principal de integração das ciências biológicas.

A concepção neodarwinista enfatiza as origens fortuitas (por meio de mutações), a persistência das formas básicas (por herança comum) e o funcionamento bem-sucedido das estruturas (adaptação por meio da seleção natural). Depois que os organismos chegam a um processo que funciona, a evolução tende a prosseguir por modificações da forma básica. Um exemplo geralmente dado é a semelhança da estrutura dos membros entre os tetrápodes (vertebrados quadrúpedes — anfíbios, pássaros, répteis e mamíferos). As formas biológicas são assim o resultado de uma combinação de acaso interno e necessidade externa.

Houve necessidade de fazer algumas modificações na teoria original à medida que informações recém-descobertas assim exigiam. Por exemplo, conforme Richard Leakey mostrou (1995), o papel das catástrofes naturais e das diversas extinções parece ser muito maior, comparado à seleção natural, do que se pensou originalmente. Ele argumenta que houve uma meia dúzia de extinções importantes ao longo da história evolutiva, algumas ao menos causadas pelo impacto devastador na forma de cometas ou meteoritos vindos do espaço. Durante algumas dessas extinções, a imensa maioria de todas as espécies que viviam na ocasião desapareceu num instante geológico. Uma dessas extinções em massa aconteceu há 65 milhões de anos e as suas vítimas mais célebres foram os dinossauros. (A mais recente extinção está em andamento, causada pelos impactos devastadores das sociedades humanas.) De maneira geral, porém, a teoria tem-se mostrado extraordinariamente resistente e flexível.

Não obstante, a evidência de um efeito cumulativo, com o passar do tempo, da tendência auto-organizadora dos organismos em evolução; a capacidade notável dos organismos grandes e pequenos para se adaptar a ambientes variáveis; a evolução dialética do sistema global unitário (Gaia); o surgimento relativamente repentino de novas espécies, famílias e filos depois das principais extinções; os impressionantes padrões instintivos ao longo de todo o reino animal — tudo isso, considerado com uma visão sem preconceitos, parece lançar dúvidas consideráveis sobre a perfeição da concepção neodarwinista ortodoxa. Em outras palavras, a questão central é se as evidências disponíveis com relação à evolução ajustam-se melhor dentro do rígido quadro neodarwinista, ou se seriam mais satisfatoriamente dispostas num quadro "holárquico" dilatado.

Na moderna compreensão da hereditariedade, as características básicas do organismo são adquiridas pelo DNA presente no zigoto. Em resumo, essas informações hereditárias contidas no DNA (o genótipo) são essencialmente instruções para fazer o RNA e proteínas; esses RNAs e seus produtos são os principais componentes básicos na construção do organismo (o fenótipo). As suas relações e mudanças durante o desenvolvimento embrionário e a evolução são determinadas pelas informações contidas no DNA. A importância desses conceitos é amplamente demonstrada pelo bem-sucedido estudo (na biotecnologia) desses processos macromoleculares básicos como reações imunológicas (antígeno-anticorpo), replicação de DNA (clonagem de genes) e interações DNA-RNA (hibridização).

A interpretação neodarwinista da evolução depende dessa compreensão do processo hereditário. As mudanças genéticas serão entendidas como ocorridas basicamente por mutações fortuitas no DNA. Essas mudanças no genótipo resultam em mudanças no fenótipo, onde elas aumentam ou diminuem a capacidade deste para se adaptar ao ambiente. Os processos de seleção natural, modificados pelo isolamento geográfico, resultam na preservação ou extinção dessas novas características e, conseqüentemente, dos aspectos do material genético que as transmite de uma geração para outra.

Há ainda alguma controvérsia quanto a se a interação do organismo (fenótipo) com o seu ambiente pode afetar as instruções hereditárias (genótipo). Jean-Baptiste Lamarck, cuja obra sobre anatomia comparativa precedeu a de Darwin, insistia que "sim", mas August Weismann, em 1894, publicou um peremptório "não". Essa resposta posterior recebeu um peso adicional pelo que se descobriu depois sobre os mecanismos da hereditariedade e foi valorizada como o que Crick chamou o "dogma central" da biologia molecular, isto é, que a sucessão do fluxo de informações é do DNA para o RNA, daí para as proteínas construídas pelo RNA — e não o fluxo inverso. Com esse modelo neodarwinista, é difícil de conceber como as características adquiridas poderiam ser incorporadas ao genótipo; ele contém a insinuação de que mudanças no genoma só poderiam ocorrer por erros de replicação. Em outras palavras, o lamarckismo, o pressuposto de que as características adquiridas podem ser herdadas, parecia durante algum tempo ser negado pelas concepções neodarwinistas. No entanto, como já vimos, há evidências consideráveis do contrário.

Agora, vamos contrastar o quadro neodarwinista com um quadro holárquico. Neste último, não há nenhuma justificação para insistir em que a finalidade só será encontrada no nível dos hólons humanos e não abaixo deles (como nos animais "inferiores") ou acima (como em Gaia). Nem há justificação para negar a possibilidade de algo semelhante à consciência, à criatividade ou à experimentação em animais "menos evoluídos" ou no nível de Gaia. Não se trata de "provar" que a finalidade e a consciência interpenetram o Todo; só de observar que na concepção holárquica a possibilidade não é excluída.

Que tipos de evidências poderiam inclinar alguém para essa concepção? Vamos considerar alguns exemplos.

1. Um tipo de evidência indica que os extraordinários comportamentos instintivos e as habilidades dos animais sejam capazes de insinuar algo parecido com a consciência. Os proprietários de animais de estimação e os naturalistas estão tipicamente convencidos apenas pelas suas observações. Pode-se encontrar muitos exemplos na vida selvagem. Considere, por exemplo, a maneira inteligente como os pássaros fazem os seus ninhos. Muitas espécies de pássaros tecelões (família *Ploceidae)* constroem ninhos elaborados com a vegetação entrelaçada. Alguns nós de gravata combinados com laçadas de meia volta, uma tarefa nada fácil sem as mãos. Alguns trançam um tipo de corda para pendurar o ninho até um metro abaixo do ramo de apoio. O pássaro-alfaiate da Índia (família *Sylviidae)* costura folhas largas junto com fios de fibra para sustentar e esconder os seus ninhos. Chamar esses comportamentos simplesmente de "instintos" ou "padrões de comportamento inatos" e sustentar que eles se devem a algum tipo de "programa" ainda não descoberto no DNA não explica nada.

   O cuco europeu propõe uma questão igualmente enigmática. Em razão do hábito descortês do cuco de botar os ovos nos ninhos de outros pássaros, o filhote é chocado e criado por pássaros de outras espécies e nunca vê os pais. Próximo ao fim do verão, os cucos adultos migram para o seu hábitat de inverno na África do Sul. Cerca de um mês depois, os cucos jovens se reúnem e então eles também migram para a região adequada da África, onde se encontram com os mais velhos. Eles sabem instintivamente que devem migrar, assim como a época de migrar; reconhecem os outros cucos jovens instintivamente e se reúnem; e sabem instintivamente em que direção devem voar e qual é o seu destino. Conforme sustenta Sheldrake (1981), isso se inclui entre as inúmeras evidências indicando algo como um "campo mórfico" de consciência no nível da espécie.

2. Um aspecto importante dessas evidências são os comportamentos e as capacidades que indicam uma consciência coletiva além do organismo individual. Isso é bem conhecido nos comportamentos de car-

dumes de peixes ou revoadas de pássaros em que números enormes de organismos parecem mudar de direção no mesmo instante. É tentador explicar esse fenômeno considerando algum tipo de sinal visual. No entanto, há muitos outros exemplos para os quais não se pode dar esse tipo de explicação.

Por exemplo, considere os humildes cupins. Esses antigos insetos sociais criam montículos elaborados que podem chegar a ter 6 metros de altura, abrigando vários milhões de insetos. Algumas das câmaras desses montículos podem estender-se para as profundezas da terra, com redes de passagens subterrâneas e tubos de superfície conduzindo à área circunvizinha onde os trabalhadores coletam o alimento. Caracteristicamente, a grossa e dura parede externa do montículo contém orifícios de entrada ou de escapamento de ar e cabos de ventilação. Dentro do ninho há muitas câmaras, passagens e jardins de fungos nos quais os cupins cultivam fungos em madeira cuidadosamente mastigada. Essas estruturas são construídas por centenas de milhares de trabalhadores a partir de pelotas de terra inicialmente umedecidas com saliva ou excremento.

Na fabricação e no conserto dos ninhos, os trabalhadores cupins não reagem simplesmente uns aos outros, mas também às estruturas concretas que já estão assentadas. Por exemplo, ao fazer arcos, os trabalhadores primeiro erguem as colunas e depois curvam uma na direção da outra, até que as duas extremidades se encontrem. Os trabalhadores de uma coluna não podem ver os outros; eles são cegos. Mas parecem "saber" que tipo de estrutura é necessário, como se seguissem algum tipo de "plano".

O naturalista sul-africano Eugène Marais fez uma série de observações sobre a maneira como os trabalhadores da espécie *Eutermes* consertavam grandes buracos que ele abria nos montículos (relatado em Sheldrake, 1994). Os trabalhadores começaram consertando o buraco a partir de todos os lados, cada um levando um grão de terra que era coberto com a sua saliva pegajosa e colado no lugar. Os trabalhadores dos diversos lados do buraco não entravam em contato entre si e não podiam se ver, por serem cegos. Não obstante, as estruturas construídas a partir dos lados uniram-se corretamente. A atividade de conserto parecia ser coordenada por algum campo de organização global.

Marais experimentou enfiar no meio do buraco uma chapa de aço algumas dezenas de centímetros mais larga e mais alta que o montículo dos cupins. Assim, o buraco aberto e o montículo, ficaram divididos em duas partes separadas. Os construtores de um lado da brecha supostamente não poderiam saber de nada dos do outro lado. Apesar disso, os cupins construíram uma estrutura semelhante em cada lateral da chapa, e quando a chapa foi depois retirada as duas metades encaixaram-se perfeitamente depois que o corte foi reparado. Em outra experiência, a chapa de aço foi introduzida primeiro e depois foi aberto o buraco dos dois lados; novamente os cupins construíram estruturas emparelhadas dos dois lados. Misteriosamente, se a experiência fosse repetida e a rainha do montículo fosse morta ou removida, a comunidade inteira cessaria o trabalho imediatamente em ambos os lados da chapa.

3. Outro enigma envolve as habilidades que parecem insinuar algo além da nossa habitual compreensão do cérebro e dos mecanismos naturais — por exemplo, as migrações. Os pássaros, as tartarugas, os peixes e vários outros animais encontram o caminho certo ao longo de enormes distâncias. Os pássaros voam, sem experiência anterior, por distâncias como do Ártico à Antártida, muitas vezes sem pontos de referência. O beija-flor de pescoço vermelho, de 3 gramas de peso, atravessa mais de 1.500 quilômetros ininterruptos para o outro lado do golfo do México. O jovem cuco bronzeado, um mês depois de ser deixado para trás pelos pais na Nova Zelândia, voa por quase 2 mil quilômetros sobre a água para a Austrália e depois mais 1.600 quilômetros rumo ao norte, para as ilhas Solomon e Bismarck.

Foi postulado que os pássaros navegam pelas estrelas ou pelo campo magnético da Terra. Ainda assim, ninguém faz nenhuma idéia de como os animais voadores acertam alvos tão pequenos depois de viagens tão longas, muitas vezes na escuridão, durante as quais poderiam ser desviados do curso pelos ventos. Eles mantêm-se no curso até mesmo quando as nuvens escondem as estrelas acima e a Terra abaixo.

Não só os fortes animais voadores como a tarambola, mas também as narcejas, o maçarico e as lavandeiras migram entre o Alasca ou a Sibéria e as ilhas do Havaí; perder as ilhas no oceano aberto seria fatal a pássaros não-oceânicos. As ilhas havaianas nunca foram ligadas ao continente e têm alguns milhões de anos de idade; não é fácil imaginar como poderia ter começado o instinto para migrar de 4.000 a 6.500 quilômetros, de acordo com a época, partindo do Alasca ou da Sibéria.

A capacidade para navegação dos pombos foi estudada intensamente por muitos anos. Há algumas evidências de que eles podem se orientar pelo campo magnético da Terra e pela posição do Sol. Mas a

faculdade de saber a direção de casa a partir de uma região distante onde nunca estiveram antes ainda desafia a compreensão.
4. Outro corpo de dados sugere a evolução "dirigida", herança de características adquiridas e uma reavaliação da hipótese lamarckiana. Nós consideramos essa controvérsia acima. A descoberta na década de 1950 de que o ácido nucléico (DNA e RNA) é o transmissor da hereditariedade, demonstrando a materialidade concreta dos genes, significou um passo importante no conhecimento da herança. A ênfase das pesquisas passou do organismo para o seu material reprodutivo. O organismo é considerado como um conjunto de características, cada uma delas associada a um gene ou combinação de genes. Os genes são pleiotrópicos (têm efeitos múltiplos); assim, as características inúteis podem ser consideradas como vindo junto com as úteis. As mudanças principais podem ser entendidas em termos de genes reguladores, que ligam ou desligam as "baterias" dos genes estruturais. Menos fácil de explicar são as características que não são vantajosas para o indivíduo mas que o são para o grupo.

Com o modelo neodarwinista, conforme mencionado acima, é difícil conceber como poderiam ser incorporadas as características adquiridas no genótipo. O "dogma central" da biologia genética insiste em que um animal ou planta não possam reagir geneticamente a condições externas. No entanto, muitos exemplos existem em que sem dúvida parece que os organismos estão reagindo geneticamente a sinais do ambiente. Centenas de espécies de insetos e ácaros desenvolveram variedades que são resistentes aos pesticidas produzidos para controlá-los, às vezes dentro de uma estação do ano ou duas. Todos ou quase todos os insetos que os seres humanos tentam matar com pesticidas revidam geneticamente. O besouro da batata em dois anos adquiriu imunidade a nove pesticidas. Claro que tudo isso poderia ser explicado em termos de múltiplas mutações acidentais, uma das quais era a certa, e seleção natural. Mas o quanto se precisaria forçar para acreditar numa explicação dessas é uma indicação da força do "dogma central".

Entre vespas, abelhas e formigas, a diferença entre rainhas e trabalhadores é condicionada pela nutrição, feromônios e/ou comportamento; o material genético é o mesmo. Muito pouco se conhece sobre como as plantas (semeadura, mudas) registram as condições ambientais e orientam as células para ativar os genes necessários para se tornar caule, raízes, folhas, flores — todas essas diversas células têm a mesma constituição genética.

"A impossibilidade da entrada de dados do ambiente para o genoma nunca foi provada. Em vista da inventividade da vida, seria surpreendente se uma lei da natureza absolutamente proibisse isso. [...] O camelo já nasce com calosidades nos joelhos; essa característica hereditária pode ser separada da capacidade da pele para engrossar em resposta à fricção? [...] Insetos, crustáceos, salamandras e assim por diante perdem os olhos em cavernas, em alguns casos bastante depressa. [...] Se as bactérias são colocadas num meio com moléculas nutrientes muito grandes para atravessar os poros da sua membrana, elas se transformam para tornar a membrana mais permeável. [...] A questão não é se os organismos podem reagir geneticamente a sinais externos, mas a gama e o tipo de sinal aos quais eles podem reagir. A morfogênese é um processo contínuo de avaliação entre as células e o ambiente no sentido mais amplo no qual o sistema como um todo exerce controle e a adaptação não é apenas de genes mas do todo" (Wesson, 1991, pp. 227-240).

5. Há indicações de que a explicação do DNA para a hereditariedade não é suficiente. Por exemplo, costuma-se encontrar declarações no sentido de que os genes mutantes "causam" determinados tipos de mudança na forma ou morfologia dos organismos. Um exemplo é um mutante homoeótico chamado *antenapédia* na mosquinha-das-frutas *Drosophila,* na qual, durante o desenvolvimento embrionário da mosca, aparecem pernas onde normalmente surgiriam antenas. No entanto, essa não é a causa nem num sentido específico, nem suficiente. Não é específico, porque os efeitos do gene mutante podem ser produzidos em moscas normais (não-mutantes) por um estímulo inespecífico, como uma mudança transitória na temperatura à qual o embrião seja exposto num momento determinado do seu desenvolvimento; e não é suficiente, porque o conhecimento da presença do gene mutante não é suficiente para explicar por que a morfologia muda dessa maneira.

6. Um dos argumentos propostos para apoiar os conceitos darwinianos é o das estruturas homólogas — estruturas semelhantes em espécies diferentes, servindo muitas vezes a fins diferentes. O principal exemplo de uma estrutura homóloga é o membro pentadáctilo nos mamíferos (por exemplo, a mão dos seres humanos, a barbatana da baleia, a perna do cavalo, a asa do morcego e a nadadeira da foca). O caso para o darwinismo é debilitado pelos fatos de que: a) não se descobriu se as estruturas homólogas são especificadas por genes homólogos e b) não se descobriu se elas seguem padrões homólogos de desenvolvimento embriológico.

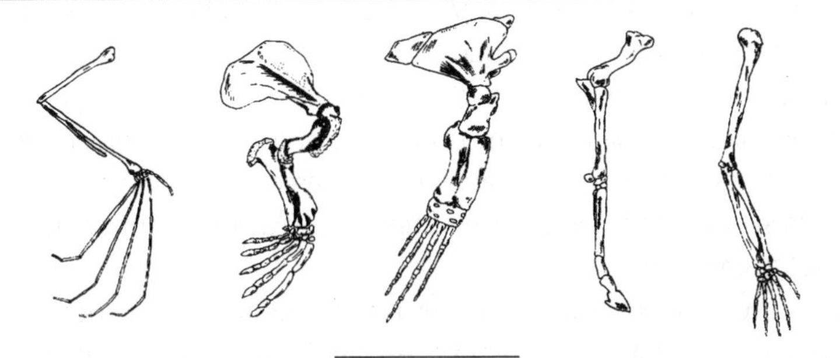

ILUSTRAÇÃO 7:
Exemplo de estruturas homólogas. O membro pentadáctilo direito de cinco mamíferos diferentes: a asa do morcego, a nadadeira da foca, a barbatana da baleia, a perna do cavalo e o braço de um ser humano.

Com relação ao último item:

De algumas maneiras, os estágios de óvulo, blástula e gástrula nas diferentes classes vertebradas são tão diferentes que, não fosse pela grande semelhança na estrutura corpórea básica de todos os vertebrados adultos, pareceria improvável que eles fossem classificados como pertencentes ao mesmo filo. Não há nenhuma dúvida de que, por causa da grande dessemelhança das fases iniciais da embriogênese nas diferentes classes vertebradas, os órgãos e estruturas consideradas homólogas nos vertebrados adultos não podem ser localizados nas células ou regiões homólogas nos estágios primordiais da embriogênese.

A exemplo de tantas outras "evidências" circunstanciais da evolução, a que foi tirada da homologia não é convincente porque contém muitas anomalias, muitos exemplos contrários, fenômenos demais que simplesmente não se ajustam facilmente ao quadro ortodoxo. [...] É verdade que tanto a genuína semelhança homóloga [...] e os padrões hierárquicos das relações de classe são sugestivos de algum tipo de teoria de derivação. Mas não nos diz nada sobre como a derivação ou evolução poderiam ter acontecido, sobre se o processo foi gradual ou repentino, nem sobre se o mecanismo causal foi darwiniano, lamarckiano, vitalístico ou mesmo criacionista. (Michael Denton, 1985)

7. Muitos exemplos indicam que a função possa preceder a estrutura na evolução. A diversidade de formas assumida pelos órgãos da visão que presumivelmente teriam evoluído de maneira separada de um para outro (olhos de insetos, répteis, crustáceos, mamíferos, etc.) é um exemplo geralmente citado. Sem dúvida pode-se imaginar esses arranjos visivel-

mente diferentes (estruturas *análogas)* como sendo para alcançar uma "meta" comum de visão a que chegaram por meio de mutações fortuitas e depois persistiram por causa da vantagem que conferem. Mas, quando se considera a complexidade de cada um e o número de mudanças simultâneas necessárias para aparecer um olho funcionando num ser vivo até então cego, esse tipo de evolução acidental parece realmente improvável.

8. A evolução alcança muitas coisas aparentemente além dos poderes da seleção natural. Por exemplo, existem muitos órgãos e padrões de comportamento inatos para os quais é difícil imaginar fases intermediárias viáveis ou que exigem diversas mudanças improváveis ocorrendo simultaneamente por uma questão de utilidade. Além dos exemplos já mencionados, outro é o sistema elétrico dos peixes. Alguns peixes, combinando a capacidade para gerar impulsos elétricos e percebê-los, usam um campo elétrico de até vários volts como um tipo de radar, sentindo perturbações causadas no campo por outros peixes ou objetos sólidos. Os peixes eletrossensíveis geralmente vivem em água turva ou são noturnos e têm olhos fracos.

Outros peixes elétricos usam a própria descarga como uma arma. As enguias elétricas *(Electrophorus),* com cerca de 6 mil placas geradoras, podem produzir aproximadamente de um ampere a 500 volts; elas têm de tomar cuidado para não se eletrocutar.

Para a eletrificação, muitas coisas têm de funcionar em conjunto: um aparelho para gerar pulsos elétricos bastante fortes, a uma taxa de uns 1.700 por segundo, consistindo num grande número de placas empilhadas em série umas sobre as outras; o isolamento efetivo do gerador elétrico do corpo, para possibilitar a acumulação da voltagem sem que essa se dissipe; barbatanas especiais para nadar sem dobrar o corpo e perturbar assim o campo; um meio de controlar os pulsos; receptores extremamente sensíveis capazes de registrar mudanças mínimas no forte gradiente primário do campo; meios de filtrar as descargas elétricas de outro peixe, que são muito mais fortes do que os débeis ecos do próprio campo; e uma estrutura especial no cérebro para processar e usar as informações coletadas.

Robert G. Wesson (1991) descreve, entre muitos exemplos, a maneira como a mosca-do-berne humana bota o seu ovo na pele de uma pessoa. Ela espera que um mosquito ou uma mosca sanguessuga se aproximem, então captura-o e crava o seu ovo na barriga do mosquito ou mosca. Quando o mosquito pousa sobre a carne morna, a larva da mosca-do-berne emerge rapidamente do ovo pré-incubado, pula para fora e entra no seu novo hospedeiro. A mosca-do-berne deve ter desenvolvido um padrão de comportamento inato para procurar e capturar o mosquito ou mosca, segurá-lo firmemente e enfiar o seu ovo por baixo; o ovo deve reagir ao calor do mamífero (uma temperatura apenas ligeiramente superior à do ar); a larva deve se libertar, cair sobre a carne humana e penetrá-la. Nenhuma parte desse padrão complexo é muito útil por si só.

Numa visão de conjunto, a mudança revolucionária parece ter sido causada muito menos pelas pressões ambientais do que pela capacidade dos organismos de encontrar meios novos de sobreviver — meios que provavelmente não surgiram das condições externas mas da estrutura genética e das mudanças que pudessem ser capazes de fazer. Os animais terrestres tornaram-se baleias milhões de anos depois da morte dos grandes répteis marinhos, não porque o oceano tivesse se tornado mais convidativo, mas porque as pré-baleias tornaram-se capazes dessa metamorfose.

9. Algo como a imaginação criativa é sugerido por muitos aspectos da evolução. Considere a teia da aranha, por exemplo. Explicá-la com base na mutação requereria a cooperação de um grande número de genes, famílias de genes ou combinações de famílias. A teia requer células para produzir tipos diferentes de seda com finalidades diferentes (cabos fortes, redes pegajosas, envolvimento), meios de armazenamento, canais e uma bomba para a sua extrusão, mais adaptações para controlar os fios e um grande conjunto de instintos para construir a teia e fazer bom uso dela — envolvendo sem dúvida milhares de genes, a maior parte dos quais com um significado apenas no contexto do estilo de vida que tornam plausível. Se, como parece provável, o todo não poderia ter sido reunido por mutações fortuitas para dar vida a cada um desses genes, devem ter sido reunidos módulos compostos de muitos genes, provavelmente por meio da recombinação sexual. Essa é uma tarefa muito diferente para a seleção natural do que uma mudança simples de freqüências dos genes, como postulado pela genética das populações. A seleção natural não deve aplicar-se principalmente a determinadas características, mas a famílias de características aparentemente sem ligações.

10. Um dos enigmas reconhecidos da teoria evolutiva é o proposto pela macroevolução — as grandes mudanças de forma, complexidade de organização corporal e modo de vida que ocorreram ao longo do vasto al-

cance da história evolutiva, conforme revelado pelos registros fósseis e estudos de anatomia e fisiologia comparativas dos organismos existentes.

A microevolução compreende mudanças permanentes, de fundo genético, que acontecem dentro de espécies à medida que estas se diferenciam em raças ou subespécies diferentes identificáveis que vivem em áreas geográficas diversas ou sob condições climáticas diferentes. Parece haver poucas dúvidas de que os principais mecanismos darwinianos de formação das espécies — mutação fortuita, isolamento geográfico, seleção natural — fazem parte do quadro. Conforme observado anteriormente, porém, há consideráveis evidências de que as mutações não são completamente casuais e podem requerer um componente "intencional".

A macroevolução dos animais parece ser uma história bem diferente. O reino animal *(metazoa)* é dividido em subdivisões principais chamadas filos; cada filo representa uma estrutura corporal basicamente diferente. (Por exemplo, o filo *Chordata* contém todos os vertebrados, incluindo classes mamíferos, répteis, pássaros, anfíbios e peixes. Outros filos incluem o *Arthropoda* [incluindo insetos, aracnídeos e crustáceos], o *Cnidaria* [incluindo os corais e as águas-vivas] e o *Mollusca* [moluscos].) Não parece que os filos foram o resultado de um grande número de mudanças de espécies.

A grande ramificação da vida metazoária começou muito cedo. A irradiação cambriana das novas formas de vida, seguida da mais antiga extinção em massa conhecida em torno de 550 milhões de anos atrás, foi um período de "experimentação" evolutiva sem precedentes. Algo ao redor de cem novos filos apareceram "de repente", ao longo de um período de 10 milhões de anos, dos quais só aproximadamente trinta sobrevivem hoje. Por outro lado, há muito mais espécies hoje do que há 1,5 bilhão de anos.

Com o passar do tempo, os filos, classes, ordens, famílias e gêneros se assentaram. Em épocas recentes, a evolução só pareceu capaz de gerar espécies. Nenhum filo novo apareceu desde o início do período cambriano; nenhuma classe nova aparece há pelo menos 150 milhões de anos; nenhuma ordem nova desde as irradiações pós-dinossáuricas de cerca de 60 milhões de anos atrás. A irradiação básica dos mamíferos situa-se há 50 milhões de anos ou mais.

CAPÍTULO TRÊS

Autopoiese e Holarquias

A ciência é uma tentativa de criar uma correspondência entre a diversidade caótica da nossa capacidade sensorial e um certo sistema unificado de pensamento.

— Albert Einstein

Mas o que é a vida? E a matéria — que se encontra em contínuo e lógico movimento perpétuo, em que a destruição e a criação infinitas acontecem, em que não há descanso — está morta? Será que apenas a película dificilmente perceptível num ponto infinitamente pequeno do universo — sobre a Terra — possui propriedades fundamentais, específicas, e que a morte reina por toda a parte além dela? Por enquanto, só é possível fazer essas perguntas. A resposta a elas será dada cedo ou tarde pela ciência.

— Vladimir Vernadsky (1884)

SAHTOURIS:

Ao discutir esses enigmas da biologia e os modos alternativos de considerá-los, preparamos o terreno para estabelecer com todo o cuidado as bases do nosso novo modelo, que eu gostaria de apresentar agora. As primeiras duas dentre as quatro características básicas desse modelo proposto, conforme apresentado no Capítulo Um, eram, em primeiro lugar, a autopoiese ou autocriação como a definição fundamental da vida, e em segundo, a compreensão dos sistemas vivos como incluídos dentro de outros sistemas vivos, holarquicamente e sem interrupção, do microcosmo para o macrocosmo. Discutimos a holarquia com certa minuciosidade naquele capítulo sem introduzir o conceito básico de autopoiese, o que eu gostaria de fazer agora.

Os biólogos observaram que os sistemas vivos, dos menores micróbios aos maiores organismos, mostram uma auto-organização, muito embora essa nunca tenha sido explicada por meio de princípios físicos. Que os sistemas vivos exibem uma auto-organização e uma preservação da própria integridade pela vida inteira é evidente, por exemplo, na sua ontogenia de um único óvulo ou semente fertilizados até o adulto; na sua fisiologia homeostática e homeorética; na sua cura ou regeneração; e nos seus padrões de comportamento inatos complexos de proteção e de reprodução. Assim, toda a vida é basicamente definida por esse critério autogerador, automantido, conforme os biólogos chilenos Humberto Maturana e Francisco Varela (1987), depois no MIT[8] e na Universidade de Paris, respectivamente, reconheceram algumas décadas atrás. Portanto, eles propuseram o termo autopoiese, derivado da palavra grega *autopoiesis,* significando "autoformação" ou "autocriação", como a definição central da vida. Por essa definição, uma entidade autopoiésica (vivente) é aquela que cria continuamente as suas próprias partes, incluindo os seus limites.

Antes de termos essa definição, não havia, conforme observou James Lovelock, nenhuma definição básica da vida nas ciências. Cada ciência parecia pensar que o outro ramo a tivesse. Os professores e acadêmicos de biologia unicamente listavam as propriedades observáveis dos seres vivos que os distinguiam das coisas não-vivas, uma lista incluindo propriedades tais como excitabilidade, mobilidade, crescimento e reprodução. Agora que temos a autopoiese como uma definição, podemos ver que algumas dessas propriedades, como o crescimento e a reprodução, não fazem parte do processo vital essencial e assim podem ou não ser propriedades de um sistema vivo. Os indivíduos (hólons) não têm de se reproduzir para estar vivos.

---

8. Sigla do Massachusetts Institute of Technology. (N. do T.)

Suponha que poderíamos mostrar que faz sentido ordenar o nosso universo como hólons em holarquias e considerar cada hólon como vivo por essa definição de vida da autopoiese. Então o universo inteiro seria considerado como um sistema vivo criando-se, evoluindo por si mesmo em todos os níveis — cosmológico, astronômico, planetário, celular e talvez até mesmo molecular e atômico. Esse é o modelo que adotei — o universo como um sistema vivo autopoiésico, autocriador — muito parecido como o fez Erich Jantsch (1980), que utilizou muitas vezes o trabalho de Ilya Prigogine.

Deixe-me tentar estabelecer a questão dessa conceituação. Para que este modelo pudesse ser mostrado como intuitivamente e intelectualmente mais satisfatório do que o atual modelo de um universo não-vivo em que a vida acontece por meio de um raro e ainda misterioso acidente, então também seria razoável propor que a biologia, como o estudo dos seres vivos, deveria se tornar a ciência básica. E também poderíamos imaginar que essa visão de mundo holárquica unificada de um universo vivo seria compartilhada em última análise pela biologia e a física, com muita polinização cruzada entre as suas diversas disciplinas especializadas.

HARMAN:

Vamos considerar isso um pouco mais devagar. Pelo modo como entendo o que você está dizendo, a autopoiese é um mistério fundamental. Quer dizer, na visão de mundo da ciência ocidental, ela simplesmente não se ajusta. Pelo modo como penso a respeito, parece difícil acreditar que a autopoiese simplesmente aconteceu por um encontro casual, e então os seres autopoiésicos prevaleceram por meio da seleção natural. A autopoiese é muito difusa e bastante eficaz; acredito que temos de examinar a ciência ocidental para ver por que ela não se ajusta.

Você quer ir muito além e estender esse conceito de universo vivo a extremos grandes e pequenos em que geralmente não se considera que ele se aplique. Estou disposto a isso, mas deixe-me antes tentar fundamentar a discussão considerando uma determinada forma de vida.

Pode ser conveniente pensar nas mais simples formas de vida que conhecemos e as mais primitivas no sentido convencional — os procariotes (organismos unicelulares sem núcleo). Esses organismos simples parecem realmente ser capazes de formar, sustentar e modificar a si mesmos. A energia para os processos necessários para tanto é obtida pelo metabolismo de várias substâncias obtida do ambiente da entidade. A continuidade ao longo da evolução inclui uma linha ininterrupta desses processos metabólicos que começaram há mais de 3,5 bilhões de anos.

Até mesmo na mais simples célula encontrada hoje em dia, existem vários componentes essenciais:

Membrana. Necessária para a manutenção de um ambiente celular interno. Constituída de lipídios, ácidos graxos saturados e monoinsaturados, glicerol e proteínas.

Citoplasma. Preenche o corpo da célula; necessário para o transporte e como solvente.

Enzimas. Para catálise, isto é, aceleração das reações químicas. Envolvem as proteínas, peptídeos, aminoácidos e coenzimas de nucleotídeo.

RNA. Para a síntese de proteínas, com as funções de transferência, mensageiro.

DNA. Necessário para a replicação.

É demais imaginar que tudo isso tenha se reunido "acidentalmente", mas na cosmologia prevalecente deve ser assim.

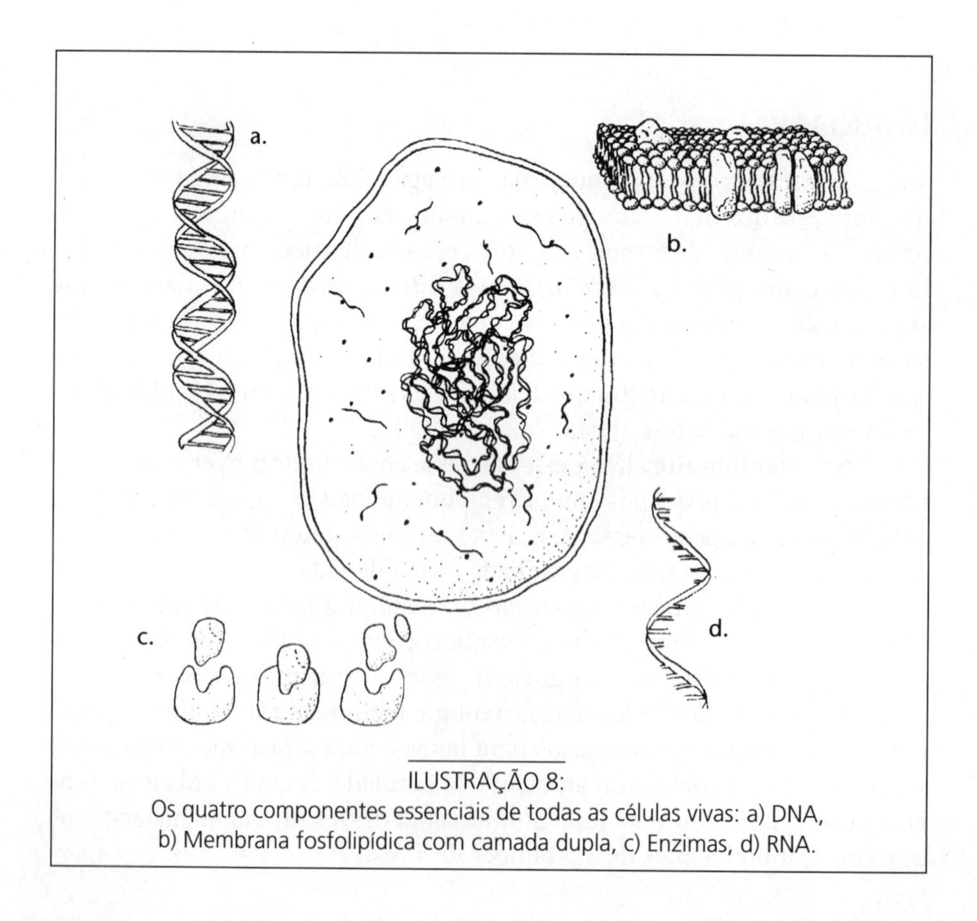

ILUSTRAÇÃO 8:
Os quatro componentes essenciais de todas as células vivas: a) DNA, b) Membrana fosfolipídica com camada dupla, c) Enzimas, d) RNA.

Nessa "célula mínima", os processos essenciais — captação de energia e admissão de matéria à superfície da célula, produção e reparo de componentes estruturais, extrusão de dejetos energéticos e materiais e assim por diante — já podem ser descritos pelos cientistas em detalhes consideráveis, mas um mistério subsiste com relação à sua dinâmica subjacente; foi a avaliação disso que levou os antigos pesquisadores e filósofos a postular uma "força vital", um *élan vital*. Essa idéia — o vitalismo — foi expulsa ignominiosamente das ciências biológicas gerações atrás, mas ela, ou algo parecido, pode estar voltando.

O que parece ser a mais geralmente aceita teoria da origem da vida propõe que as reações químicas na Terra primitiva deram origem aos elementos constitutivos mínimos essenciais da vida (por exemplo, as bases purina e piramidina, aminoácidos e açúcares), que depois combinaram-se para formar nucleotídeos, ácidos nucléicos primitivos e proteínas primitivas. Para surgir nessa "sopa primeva", a vida requer o surgimento de uma molécula que possa se duplicar, que possa produzir novas gerações de moléculas como ela mesma. As únicas moléculas "biológicas" que podem fazer isso são os ácidos nucléicos RNA e DNA, pelos quais os organismos atuais passam informações genéticas de uma geração a outra. Tirar das propriedades do RNA (geralmente considerado como tendo se desenvolvido antes do DNA) os critérios mínimos para a vida por puro "acaso" força a imaginação, ainda que de acordo com essa teoria é o que deve ter acontecido.

É geralmente suposto que o RNA deve ter surgido muito próximo da origem da vida, porque pode agir tanto exclusivamente como autoprodutor quanto como catalisador. Mas o RNA é difícil de produzir; não é fácil conceber o seu surgimento por uma combinação fortuita; e a menos que haja um mecanismo de orientação ele não se reproduz com exatidão. Numa etapa muito primitiva da vida, deve ter existido um complexo de estruturas de proteínas para permitir que o ácido nucléico funcionasse, ainda que o ácido nucléico fosse necessário para produzir as proteínas. Tinha de haver algum tipo de membrana para conter as proteínas e o ácido nucléico interagindo, mas as proteínas e o ácido nucléico eram necessários à produção da membrana semipermeável que admitisse os materiais úteis e permitisse a extrusão dos dejetos. É difícil ver como a vida poderia ter-se constituído pedaço por pedaço.

Agora eu acredito que o que você está dizendo é que isso tudo torna-se mais compreensível se pensarmos em termos de um universo que está vivo desde o princípio, antes que o primeiro assim chamado "organismo vivo" entrasse em cena.

SAHTOURIS:

Exatamente. Você tem razão em que a autopoiese parece misteriosa no contexto da visão de mundo científica ocidental, porque a autopoiese define a vida e a vida em si é muito misteriosa nessa visão de mundo, uma vez que deve literalmente, conforme você diz, "constituir-se pedaço por pedaço". Esses "pedaços" são considerados provenientes da matéria não-viva, portanto a vida é considerada como proveniente da não-vida, o que considero não mais digno de crédito do que a idéia de que a inteligência provém da não-inteligência ou a consciência da não-consciência. Adiante trataremos desse assunto em mais detalhes.

O trabalho de Prigogine e Jantsch (1983) provavelmente vai até onde se pode ir ao tentar fazer a autopoiese se "ajustar" ao paradigma científico prevalecente. A dinâmica autopoiésica de Prigogine de auto-organização em estruturas químicas simples dissipativas e longe do equilíbrio e as explicações de Jantsch sobre o sistema molecular simples de "hiperciclos", da autoria de Manfred Eigen (círculos fechados de processos transformadores ou catalíticos nos quais um ou mais participantes agem como autocatalisadores), vão longe para reduzir a lacuna entre o animado e o inanimado na concepção prevalecente. Eles começam com o sistema molecular mínimo e mostram que este pode trabalhar para se criar e se manter. Esse esforço para fechar a lacuna entre a vida e a não-vida necessariamente leva o processo de autocriação a níveis químicos muito simples; ainda assim, uma conseqüência interessante desse trabalho é que essa simplificação abre a possibilidade de fechar a mesma lacuna em níveis macroscópicos do universo primitivo, quando as coisas também eram relativamente simples.

Realmente, essa é a maneira como eu, depois de Jantsch, conceituei o universo vivo: que a autopoiese acontece desde o princípio em todos os níveis de tamanho, do macrocosmo ao microcosmo. Vou descrever esse processo brevemente. No entanto, quero dizer agora que acabei concluindo que isso estava nos fazendo acreditar erroneamente que tínhamos *explicado* esses sistemas autopoiésicos simples apenas *descrevendo* a evolução deles. Agora estou convencida de que teremos de ir além de forçar a vida a se ajustar aos modelos aceitos da física e da química da "não-vida". Isso é exatamente o que sufocou a biologia por tanto tempo, conforme você diz, tanto que se tem de admirar os heróicos esforços para fazê-la se ajustar.

As entidades autopoiésicas sob o meu ponto de vista não aparecem milagrosamente da composição química de um universo não-vivo, nem evoluem por seleção natural, que também é realmente apenas um conceito descritivo e não-explicativo. A evolução darwiniana e neodarwiniana, conforme enfatiza Lynn Margulis, informa-nos alguma coisa sobre a sobrevivência, mas quase nada sobre o que realmente impulsiona a evolução, a não ser pelos assumidos erros casuais de cópia mecânica ou danos ao material genético como fonte principal ou única das mudanças. Como acredito que esses danos são reparados — e temos ouvido falar agora de "genes reparadores" — em vez de se tornar uma fonte de variação, não posso subscrever a hipótese darwiniana nessa questão. Quanto ao conceito tautológico da seleção ou adaptação natural, prefiro o conceito de negociações efetivas entre as espécies a que chamo de processo de encontrar a coerência mútua. A minha concepção do darwinismo é que ele é uma tentativa de ajustar a vida e a sua evolução a modelos mecanicistas não-vivos que incluem geradores de casualidade como parte do mecanismo, juntamente com uma concepção do tipo "engrenagem" do ambiente e das espécies.

Sem dúvida, precisamos de algo muito mais eficaz para explicar a evolução. Arthur Koestler comentou que a vida é inteligente demais para evoluir por acaso, e parece que cada vez mais biólogos estão vindo a concordar com ele. Se excluirmos a inteligência e a consciência, cósmicas e planetárias, da nossa história da evolução, teremos uma explicação sem explicação. No momento em que terminarmos esta discussão, espero termos demonstrado persuasivamente que a inteligência e a consciência estão incluídas no nosso modelo *sem nenhum pressuposto dualístico sobre a mente e a matéria,* incluindo aqueles de alguma força vital habitando a matéria. Mas acho que precisamos continuar com a explicação da autopoiese — o *como* da vida em todos os níveis — antes de tentarmos explicar o *porquê* de ela acontecer, o que envolve a consciência.

Depois que comecei a usar a definição autopoiésica da vida, pareceu-me que ela se ajusta não só aos seres vivos unicelulares, fungos, plantas e animais — todas essas categorias que a ciência ocidental chama de "reinos da vida" —, mas também à Terra como um todo. Deixe-me discutir vários aspectos da questão.

*1) **Autopoiese: a Terra viva.*** Os biólogos têm trabalhado com o pressuposto de que a Terra é uma bola geológica não-viva na superfície da qual, por algum milagre, a vida originou-se da não-vida. Ainda assim, sabemos que a Terra constantemente se cria de dentro para fora, promovendo erupções de lava do seu interior fundido para formar rochas novas, enquanto as rochas velhas são erodidas, incorporadas em micróbios e organismos, levadas aos oceanos tanto como matéria "inorgânica" quanto "orgânica", assentadas em sedimentos e finalmente refundidas nas zonas de subdução das placas tectônicas. Tudo isso constitui um grande sistema de reciclagem da crosta; outros sistemas de reciclagem compreendem as águas, os solos e a atmosfera terrestres. Juntos, esses ciclos são fontes de criatividade infinita, infindáveis fornecedores de materiais a serem incorporados em micróbios, plantas e animais em evolução. Recorde-se da concepção de Vernadsky dessas transformações geobiológicas cíclicas.

Se aceitarmos a autopoiese como a definição da vida, então podemos ver claramente que a Terra está viva. Qualquer um que argumente que esses são simplesmente processos não-vivos terá de responder pelo fato de que essa entidade na sua totalidade evoluiu até hoje com complexidade crescente desde 5 bilhões de anos sem sinais de se orientar para a dissolução ou cristalização entrópicas! Que a sua vida terminará e os seus materiais venham a ser reciclados em outros prováveis 5 bilhões de anos, em conseqüência da morte iminente da sua estrela, o Sol, é outra questão — uma questão de vida ou de morte num universo vivo.

Quando propus originalmente a Francisco Varela que pela definição autopoiésica dele a Terra estaria viva, ele respondeu que os meus argumentos detalhados sobre como a Terra cria-se e recria-se continuamente eram persuasivos, mas ele contrapôs que o limite da Terra (a sua atmosfera) era muito difuso para ser qualificado como um limite adequado. Sugeri que ele comparasse uma célula ampliada ao tamanho de um planeta para ver se tinha um limite mais difuso. Até mesmo numa fotografia da Terra a partir do espaço, podemos ver como o seu limite atmosférico não parece difuso naquele tamanho.

O nosso tamanho como seres humanos e a perspectiva temporal costumam dificultar a nossa capacidade de ver as relações e processos vitais em escalas maiores e mais lentas. Se pudéssemos ver a vida na Terra como num filme de vinte minutos, com todas as suas erupções e rotações das massas continentais, os seus mares, a sua terra e a sua atmosfera em evolução e mudando de cores, o redemoinho diáfano da sua pele de nuvens, não duvidaríamos de que ela estaria viva mais do que o faz Lewis Thomas, em *Lives of a Cell* (1975), em que ele a chama de um grande ser celular "maravilhosamente qualificado para aproveitar o sol". Eu costumo considerar a simplicidade científica da natureza segundo o antigo ditado: "Assim na terra como no céu", e assim acho atraente essa metáfora da Terra como uma célula gigantesca sob cuja membrana limitadora outras células menores se multiplicam, morrem e são recicladas de tal maneira que o todo não precisa crescer. Esse é um modo maravilhosamente eficiente de tornar os seres vivos (planetas) possíveis apenas com a energia estelar como nutrição.

Em 1785, o cientista escocês James Hutton, lembrado como o pai da geologia, chamou a Terra de um superorganismo vivo e propôs que o seu estudo adequado devesse ser a fisiologia. Ele parece ter sido praticamente ignorado, até que o cientista atmosférico inglês James Lovelock apresentou essa idéia no início da década de 1970, com a sua Hipótese Gaia (*Gaia*, na forma moderna *Gi*, continua sendo o nome/termo grego para Terra). Lovelock demonstrou a auto-regulação metabólica da Terra por meio da interação mútua entre os seus sistemas vivos e a sua influência sobre os ambientes.

Observe que a Terra só pode funcionar como uma entidade viva porque todas as suas partes estão em interação constante e por causa do fluxo incessante em escala planetária da sua energia e dos seus elementos. A vida, conforme declarou Teilhard de Chardin, um parceiro próximo de Vernadsky, há muito tempo (1959), e conforme Lovelock confirmou no presente, nunca evoluiu naturalmente só numa parte de um planeta, mas em vez disso se dissemina rapidamente pela sua esfera. Agora podemos ver que os planetas inteiros, incluindo o seu "interior", ou ganham vida como totalidades ou não ganham vida nenhuma.

Por que a vida terrestre tornou-se tão diversificada enquanto evoluía? Podemos também perguntar por que as primeiras nuvens de gás organizaram-se em galáxias independentes, e as galáxias em estrelas e planetas e outros corpos siderais. A resposta, conforme começamos a entender agora, pode ser que a vida se torne mais estável à medida que se torna mais complexa!

Os sistemas mecânicos podem ser mais vulneráveis a defeitos quando se tornam mais complexos, mas isso não parece se aplicar aos sistemas vivos. A divisão de trabalho ou de funções proposta por Gaia entre as diferentes espécies — tipos diferentes de ser vivo — possibilita uma divisão do trabalho semelhante à do nosso corpo, que funciona eficazmente por meio do trabalho conjunto de diferentes tipos de órgão. Nenhum lugar, ou ambiente, da Terra — do mais alto pico de montanha ao ponto mais fundo dos oceanos — tem menos que umas mil espécies diferentes ou formas de vida, principalmente microbianas, estilos de vida que a mantêm viva e evoluindo. Novamente vemos que, se um planeta está *realmente* vivo, parece que tem de estar vivo em todos os lugares, não só em algumas partes.

Para repetir só um pouco da história dos procariotes neste contexto, as moléculas gigantescas a partir das quais os primeiros seres vivos se formaram aparentemente eram catalisadas pela poderosa energia solar e dos raios, e talvez pela energia do centro quente da Terra do mesmo modo. Uma parte dessa energia era incorporada aos primeiros procariotes na fermentação, que a transformava e liberava ao usá-la para decompor outras moléculas grandes como alimento. As bactérias fotossintetizantes evoluíram ao aprender a se perpetuar usando a energia solar diretamente, para se manter e por fim produzir a atmosfera com alto teor de oxigênio no seu processamento. Os seres que respiram pela queima do oxigênio obtêm a energia consumindo as moléculas grandes já prontas dos fermentadores, fotossintetizadores e uns dos outros. Os organismos podem assim converter a energia armazenada ou a energia solar em outras formas úteis de energia — a energia do movimento, do calor, das reações químicas, até mesmo da eletricidade.

Essas bactérias autopoiésicas primitivas tinham encerrado o seu sistema metabólico molecular dentro de fronteiras abertas — uma membrana de sua própria fabricação que não só permitia trocar elementos e energia com o ambiente como também trocar material genético entre si, como todas as bactérias fazem até hoje em dia. Margulis e Dorion Sagan disseram que as bactérias trocam genes "num frenesi maior que o dos corretores de ações no pregão da Bolsa de Valores de Chicago" (1995). Margulis observou anteriormente que esse foi o sexo original, que não tinha nada a ver com a reprodução (1986). Isso torna-o impossível para determinadas bactérias, mas permitiu que funcionassem como um sistema único, uma pele planetária fantástica. Eternamente, elas trocavam pedaços de DNA entre si por meio das membranas, diversificando os seus estilos de vida, vivendo dos dejetos umas das outras, intercambiando outros elementos entre si e com a crosta, desenvolvendo novas maneiras de ganhar a vida perante os desafios ambientais, estabilizando a composição química da Terra e a economia de energia, criando uma atmosfera com alto teor de oxigênio e um escudo protetor de ozônio, tudo no curso de alguns bilhões de anos, cerca de metade da vida da própria Terra. Até hoje em dia esses maravilhosos seres vivos invisíveis fornecem a base da nossa própria vida.

Quando afinal, por volta de 1,5 bilhão de anos atrás, esses seres abandonaram o estilo de vida competitivo e se reuniram em comunidades cooperativas, formaram o único outro tipo de célula que já evoluiu: a célula nucleada, ou eucariote (em média mil vezes maior que um procariote). Cada integrante bacteriano dessas grandes comunidades desistiu de parte do seu DNA, junto com a sua independência, para formar a "biblioteca central" de genes que conhecemos como núcleo. Numa divisão do trabalho, as bactérias aeróbias tornaram-se mitocôndrias, as bactérias azul-esverdeadas tornaram-se cloroplastos e assim por diante.

Até hoje, as bactérias e as moneras (células nucleadas) que elas formaram subsistem como os seres vivos fundamentais da vida terrestre. Nós mesmos como indivíduos, juntamente com todos os outros animais e plantas, somos clonados a cada geração tomando como base versões das antigas cooperativas unicelulares dessas bactérias que antes eram independentes.

A primeira pista para Gaia encontrada por Lovelock ocorreu-lhe quando ele estava comparando as atmosferas de diferentes planetas. As atmosferas dos outros planetas do nosso sistema solar eram coerentes quimicamente — são todas misturas estáveis de gases. Só a Terra tem uma atmosfera que é praticamente impossível pelas leis da química. Os seus gases deveriam ter-se queimado há muito tempo! E se isso tivesse acontecido, a Terra não teria um único ser vivo. Do modo como as coisas são, cada molécula de ar que respiramos de fato acabou de ser produzida ou foi reciclada dentro de outros seres vivos. Os seres vivos terrestres produzem e usam quase toda a mistura de gases da atmosfera, com exceção de quantidades ínfimas de gases inertes como o argônio e o criptônio, sempre alimentando a mistura com novos suprimentos à medida que a usam e enquanto ela se queima quimicamente.

Essa atividade dos seres vivos mantém sempre a atmosfera no exato equilíbrio para que a vida na Terra continue. Os seres vivos, por exemplo, produzem 4 bilhões de toneladas de oxigênio novo todos os anos para compensar o uso e as perdas. Eles também produzem quantidades enormes de metano, que regula a quantidade de oxigênio no ar a todo instante, e mantêm o ar bem diluído com o inofensivo nitrogênio. Na verdade, a atmosfera é mantida com praticamente 21 por cento de oxigênio o tempo todo. Um pouco mais e os incêndios começariam por toda parte no nosso planeta, até mesmo na grama molhada. Um pouco menos e nós, juntamente com todos os outros seres vivos que respiram o ar, morreríamos.

Se os organismos, especialmente microrganismos dentro do grande sistema de Gaia, parassem de fabricar e equilibrar os gases do nosso ar, a atmosfera se queimaria rapidamente. E se os seres vivos não transformassem os nitratos de sal em nitrogênio e bombeassem esse nitrogênio para o ar, os mares ficariam muito salgados para a vida acontecer neles e a atmosfera perderia o seu equilíbrio.

Embora o Sol tenha aumentado constantemente de tamanho e se aquecido cada vez mais desde que a Terra foi formada, a Terra, como um ser vivo de sangue quente, tem mantido uma temperatura razoavelmente constante. Lovelock desenvolveu modelos por computador mostrando que essa função de "termostato" pode estar baseada em mudanças auto-reguladoras no índice de reflexão da cobertura de nuvens (claro) e vegetação (escuro), aquecendo e esfriando a superfície do planeta conforme o necessário. No mundo real, parte desse complicado sistema envolve regular as quantidades de "gases de estufa" como o gás carbônico e o metano, que prendem o calor solar; outra parte envolve as relações entre os gases semeadores de nuvens produzidos pelo plâncton do oceano e a total cobertura de nuvens da Terra, que por sua vez regula a quantidade de luz solar que alcança a superfície da Terra. As antigas tentativas de explicar como os mecanismos geológicos poderiam regular a temperatura da Terra estão agora dando lugar para as novas explicações de como um planeta vivo faz isso.

O equilíbrio certo de substâncias químicas e ácido nos mares e na terra, e até mesmo a temperatura global equilibrada da Terra — todas as condições necessárias para a vida do nosso planeta —, são regulados pelo planeta vivo assim como equilíbrios semelhantes são mantidos no nosso corpo auto-regulado. A fisiologia tem mostrado que o corpo conhece a si mesmo como um todo — significando, em termos científicos, que é auto-referente — o que permite a ele executar as suas funções. Parece que esse é também o caso da Terra.

Por mais que venhamos a aprender sobre como funciona a complexa coordenação de sistemas do nosso corpo, nunca saberemos tudo que está envolvido na constituição e funcionamento desses sistemas. O nosso corpo funciona sem pedir nenhuma ajuda da nossa consciência desperta, da nossa mente racional. Lewis Thomas disse que, apesar de todo o seu conhecimento de fisiologia, preferiria assumir os controles de um Jumbo que cuidar do funcionamento do seu fígado nem por um único dia. Qualquer um dos nossos órgãos é sem dúvida mais complexo que o computador mais complexo que inventamos — e ele sabe como controlar-se, reparar-se e funcionar em harmonia com todos os outros órgãos.

Sem dúvida, vemos a Terra agindo de maneira inteligente do mesmo modo. Será que não deveríamos reconhecer e incorporar essa observação à biologia assim como os fisiologistas incorporam a inteligência do corpo ao seu trabalho? O quanto antes reconhecermos e respeitarmos a Terra como um ser vivo auto-organizado inacreditavelmente complexo, mais cedo teremos humildade bastante para parar de acreditar que sabemos como controlá-la. E se continuarmos no nosso curso atual e presos à nossa atual convicção da nossa capacidade de controlar a Terra mesmo sabendo tão pouco sobre ela, a nossa desastrosa interferência insensata nos seus assuntos não dizimará o planeta, mas muito provavelmente irá nos exterminar como espécie.

Voltando à Hipótese de Gaia de Lovelock, ou a teoria de Gaia, é importante reconhecer um certo aspecto contraditório dela que acredito ter confundido a questão da vida na Terra. Lovelock refere-se à Terra como um ser vivo, mas também chama Gaia de um mecanismo auto-estabilizado constituído por partes unidas vivas e não-vivas — organismos vivos (biota) e ambientes de matéria não-viva (abiótica) — que afetam uns aos outros de maneiras que mantêm a temperatura relativamente constante e o equilíbrio químico da Terra dentro de limites favoráveis à vida. Lovelock explica esse sistema como um dispositivo cibernético que funciona por meio de avaliação entre as suas partes unidas para manter as condições da Terra estáveis. Para Lovelock, "organismo" e "mecanismo" são ambos conceitos adequados, embora, do ponto de vista lógico, sejam contraditórios.

Um sistema autopoiésico é produzido e mantido por si mesmo. Ele deve mudar constantemente ou se renovar para manter-se sempre o mesmo — o seu corpo renova a maioria das suas células a cada sete anos de vida, por exemplo, e às suas moléculas muito mais rapidamente. Nenhum mecanismo jamais é capaz disso, porque um mecanismo não é nem autopoiésico (criado por si mesmo) nem autônomo (governado por si mesmo) mas, ao contrário, é alopoiésico (criado por outro, por um inventor) e alônomo (governado por leis determinadas pelo inventor). Ele não pode mudar a si mesmo, exceto conforme programado pelo seu inventor, e essa é a diferença essencial entre os sistemas vivos e mecânicos, incluindo até mesmo os computadores mais sofisticados e os robôs cibernéticos.

Assim, temos de ser muito cuidadosos ao abstrair modelos mecânicos de sistemas vivos observados. A vida não pode fazer parte de um aparelho cibernético ou até mesmo parte de um ser vivo; a vida é a essência ou o processo do ser vivo como um todo. Se Gaia é a Terra viva, então seria tão absurdo dizer que a vida cria os seus próprios ambientes ou condições na Terra como dizer que a vida cria os seus próprios ambientes ou condições no nosso corpo. Se considerarmos a Terra como um ser vivo, ainda poderemos dizer que os seus organismos criam os seus ambientes e são criados por eles, exatamente no mesmo sentido que dizemos que as células criam os próprios ambientes e são criadas por eles no nosso corpo. Em outras palavras, há uma interação ininterrupta e mutuamente criativa entre hólons e holarquias circunvizinhos. Mas não dividimos os corpos vivos ou holarquias em "vida" e "não-vida".

Se adotamos a minha posição, então, de considerar a Terra como uma entidade viva que cria a si mesma, também consideramos que apenas aspectos limitados do seu funcionamento — nunca a sua auto-organização essencial — podem ser convenientemente imitados em modelos por sistemas cibernéticos, da mesma maneira que podemos convenientemente copiar aspectos da nossa própria fisiologia (por exemplo, regulagem da temperatura) como sistemas de avaliação cibernéticos, mas não devemos confundir as nossas cópias com o que é copiado.

O meu conceito da Terra viva é simplesmente isso — um conceito, uma definição, não uma hipótese a ser provada. Eu simplesmente quero substituir o conceito ou metáfora prevalecente para a Terra como um complexo mecanismo não-vivo pelo conceito da Terra como uma entidade viva por definição. Dentro dessa conceituação, somos então livres para desenvolver hipóteses fecundas sobre as suas funções ou a sua fisiologia, como Lovelock certamente fez, apesar dessas contradições.

2) *Autopoiese: o Universo vivo.* O conceito da autopoiese permite-nos, assim, ampliar a nossa concepção de entidades vivas para a própria Terra e, como eu gostaria de demonstrar agora, para o universo em geral.

Vamos tentar considerar a Terra inserida dentro de uma galáxia autopoiésica, ela própria inserida num universo autopoiésico. Como eu disse anteriormente, adotei a proposta de Jantsch de que o universo como um todo é um vasto sistema vivo autopoiésico, ou que cria a si mesmo. Numa descrição altamente simplificada, a minha concepção do seu processo é a seguinte:

a) Supomos o universo inicial expandindo-se muito violentamente, seja impulsionado pelo Big Bang, pela onda explosiva de Bohm no mar de energia inicial (também conhecido como o campo energético do ponto zero), pelo surgimento ininterrupto de matéria de um buraco branco cósmico segundo Bentov (1977), seja pelo que for que possa ter causado a expansão universal. Esse ímpeto repentino de energia/matéria teria se enrolado sobre si mesmo, formando naturalmente redemoinhos onde quer que ocorressem irregularidades, e essas irregularidades no universo inicial foram descobertas de fato desde que o meu livro foi publicado.

b) Esses redemoinhos ou vórtices que exibiam um equilíbrio dinâmico (não-equilíbrio) entre a poderosa expansão e a atração gravitacional, em vez de se dissolver ou congelar em nuvens estáticas, transformaram-se nas formas de vida básicas autopoiésicas ou protoautopoiésicas dentro das entidades-todo que mantiveram formas estáveis por longos períodos de tempo, recriando-se continuamente de matéria nova e terminando como nuvens protogalácticas espirais. Observe que os redemoinhos comportam-se desse modo seja se existem em rios, seja no espaço exterior. Enormes redemoinhos dinamicamente estáveis foram descobertos nos nossos oceanos, visíveis apenas de satélites. Sejam breves ou duradouros, esse vórtices são as formas mais simples de entidades auto-organizadas que continuamente criam a si mesmas e podem, assim, ser consideradas entidades de protovida. Quanto ao argumento de que os redemoinhos cessam se o fluxo do rio cessar, também deve-se levar em conta que você e eu morreríamos se o nosso ambiente deixasse de fluir através de nós. Essa é a natureza da holarquia.

c) Esses redemoinhos macrocósmicos, as nuvens protogalácticas, gradualmente desenvolveram sistemas estelares vastos e locais (depois também planetas) a partir dos redemoinhos menores de gases (depois poeira), formando-se dentro deles e interagindo com os redemoinhos microscópicos que chamamos de átomos e partículas subatômicas (moléculas posteriores). Essas enormes e minúsculas entidades de redemoinho co-criam uma complexidade crescente entre si num processo evolutivo que é tanto universal,

PILARES DE CRIAÇÃO NUMA REGIÃO DE FORMAÇÃO ESTELAR
(Pilares de Gás na M16 — Nebulosa da Águia)

Um curral submarino? Castelos encantados? Serpentes espaciais?
Essas estruturas sobrenaturais, em forma de pilares escuros, são na verdade colunas de gás de hidrogênio resfriado e poeira interestelar, que também são incubadoras de novas estrelas. Os pilares protraem-se da parede interior de uma nuvem molecular escura como estalagmites do chão de uma caverna. Eles fazem parte da "Nebulosa da Águia", uma região formadora de estrelas próxima a 7 mil anos-luz de distância na constelação da Serpente.

A foto foi tirada no dia 1º de abril de 1995 com uma objetiva grande-angular espacial da câmara fotográfica do telescópio espacial Hubble. A imagem foi formada por três imagens separadas, obtidas a partir da emissão de luz de tipos diferentes de átomo.

[Fotografia fornecida pela NASA e pelo NSSDC. Foto Nº: STScI-PRC95-44a] no nível de galáxias, supergaláxias e grandes agrupamentos além dessas, quanto local, em planetas vivos como a Terra.

As galáxias vivas e as estrelas são conhecidas por se despojar de partes e incorporar novos elementos, como fazem todos os redemoinhos, para manter-se. Algumas galáxias parecem engolir outras, algumas morrem e não criam novas estrelas. Uma estrela parece ser uma entidade auto-organizadora, que se mantém viva atraindo novos elementos e se despojando dos velhos, com uma série de fases da vida muitas vezes terminando na sua reprodução explosiva como um novo sistema estelar incluindo planetas. As recentes fotografias de estrelas do Hubble nascendo de grandes nuvens cósmicas fazem-nos lembrar de hidras brotando no mar, num belo exemplo do padrão "assim na terra como no céu". Outras fotografias, chegando dia após dia, mostram formas impressionantes representando fielmente a vida real, que nunca vimos antes em nebulosas e outras escalas de tamanhos maiores. É interessante que os astrônomos observem hoje que as novas estrelas só nascem em galáxias espirais, não em galáxias elípticas, que parecem ser as que "morreram".

Gerações de estrelas são formadas pela explosão e recriação de novos redemoinhos de "escombros". Nas galáxias vivas, acabam sendo formados planetas a partir de elementos mais pesados ao redor de estrelas novas, e alguns desses criam-se como entidades extremamente complexas, como a nossa Terra. O nosso sistema solar nasceu há mais ou menos 5 bilhões de anos dos gases e de outros materiais espalhados pela explosão de uma ou mais supernovas. Apenas um dos seus planetas ganhou vida e permaneceu vivo, pelo menos sob a perspectiva do universo quadridimensional como o percebemos (deixando aberta a possibilidade da vida em outros planos ou universos simultâneos com as suas próprias dimensões).

A minha metáfora para a reprodução da vida cósmica é que o cosmo espalha planetas como sementes de estrelas, de modo muito parecido com o que as plantas e animais aqui embaixo usam para espalhar suas sementes. Em ambos os casos, só poucas sementes nessa aventura prolífica da vida "brotam" de fato — aquelas que conseguem as condições certas para sustentar a continuidade da sua vida. E assim faz sentido que só alguns dentre muitos planetas tenham continuado vivos — "alguns" significando incontáveis bilhões, dada a extensão do universo. Lovelock chamou a atenção para o "efeito Goldilocks" sobre a Terra: Marte muito frio, Vênus muito quente, a Terra simplesmente na temperatura correta.

d) E quanto às mais diminutas escalas de tamanho do universo? Um dos grandes mistérios da física é a estabilidade do átomo. Muitos átomos não se desintegram, mas parecem continuar existindo praticamente para sempre. Será que os átomos em desintegração poderiam ser como as nuvens protogalácticas agonizantes, que se tornam formas discóides ou ovaladas mortas, ao passo que os átomos que não estão em desintegração seriam mais parecidos com as galáxias espirais vivas? Nesse caso, de onde os átomos tirariam a matéria/energia para manter-se vivos? O físico Hal Puthoff propôs que eles de fato tirariam energia continuamente do campo energético do ponto zero que hoje se sabe existir pelas medidas realizadas (1990) e, numa conversa pessoal, ele me disse que achava que o meu modelo em vórtice da forma básica da vida parecia encaixar esses átomos.

Em todos os níveis do universo em evolução, então, encontramos hólons autopoiésicos ou proto-autopoiésicos aninhados uns dentro dos outros, permutando recursos com os hólons maiores em que se acham incluídos e com os hólons menores incluídos dentro deles. Nesse sentido, o universo inteiro é uma vasta entidade viva ou hólon. É especialmente importante observar que esse modelo holárquico dá tanta importância à influência descendente dos hólons maiores quanto à influência ascendente dos hólons menores. Temos de aprender a ver o mundo e todo o cosmo através de um telescópio e de um microscópio ao mesmo tempo!

Uma das grandes vantagens desse modelo é que ele obvia a confusa e interminável busca da ciência ocidental por determinar como a vida pôde vir da não-vida. Podemos dedicar os nossos esforços a explicar como um universo vivo evolui além dessas formas simples em complexos hólons como células, organismos e a Terra inteira na sua evolução contínua.

Dentro dos hólons, há obviamente partes mais e menos organizadas, mais e menos complexas, mais e menos animadas — até mesmo partes mortas, embora possamos contar com a sua reciclagem final por algum hólon. Recorde-se da transformação ininterrupta de Vernadsky da "matéria geológica" em "matéria biológica" e de volta no tempo numa concepção que faz com que o que chamamos "vida" e "não-vida" pareçam ser um tipo de complementaridade semelhante à de matéria e energia. No nosso próprio modelo em desenvolvimento, vamos reservar a palavra "organismo" para os seres vivos multicelulares, para diferenciá-los de células, planetas vivos, galáxias, etc., mas vamos considerar o que atualmente é visto como "matéria inanimada", como rocha ou água, da mesma forma que consideramos dente, osso ou tecido conjuntivo — as partes "menos animadas" de um corpo, lembrando que elas são transformadas interminavelmente em escalas de tempo mais lentas do que o resto da crosta, da mesma maneira que os ossos e o tecido conjuntivo, com relação ao resto do corpo.

3) A consciência em holarquias. Anteriormente, você disse: "Se existe consciência em algum lugar da holarquia — no cientista-hólon, por exemplo — então ela é característica do todo e não precisamos nos surpreender ao ver algo como a consciência aparecendo em qualquer lugar, especialmente nos sistemas vivos."

Eu pessoalmente acredito que a consciência permeia o universo, que o universo segue inteligentemente na sua evolução e deve então ser de fato consciente. A autopoiese como definição da vida, junto com o modelo holárquico das entidades vivas, torna plausível que a consciência seja inerente a todos os níveis da holarquia universal por um argumento lógico. Deixe-me demonstrar de que modo, dentro da estrutura da ciência ocidental.

A definição autopoiésica de entidade viva (hólon) como algo que constantemente se cria e se recria implica que este seja um sistema aberto em não-equilíbrio com um contexto do qual tira energia e/ou matéria e no qual dispersa os seus produtos. Portanto, os sistemas vivos têm de estar incluídos em sistemas maiores que podem ser considerados como seus ambientes, embora eles também sejam sistemas vivos por natureza.

Essa abertura dos sistemas material/energético pode ser representada do ponto de vista lógico, conforme argumentou Walter Pankow (1976). O modelo lógico diferencia perfeitamente os sistemas vivos dos sistemas fechados, do ponto de vista lógico, ou só formalmente abertos ou mecânicos, usando um raciocínio semelhante ao de Jantsch e Prigogine nas suas descrições dos sistemas dissipativos (auto-organizadores e evolutivos), mas também indo além deles.

Pankow mostra que todos os sistemas vivos são abertos, do ponto de vista lógico, e que a abertura lógica é equivalente à capacidade de auto-referência, que Bertrand Russell e Kurt Gödel mostraram não ser uma capacidade de sistemas formais (não-vivos) como a matemática ou a lógica (ou um mecanismo, que é uma tradução das declarações nessas linguagens em matéria). Nos sistemas ou linguagens formais, as declarações que se referem a si mesmas podem ser só tautologias ou paradoxos — em outras palavras, não podem ser feitas declarações significativas sobre si mesmas. Pankow prossegue argumentando que a auto-referência dos sistemas vivos redunda em auto-representação, que também implica a autotranscendência, uma vez que um sistema tem de claramente ir além de si mesmo, a outro nível da lógica, para referir ou representar a si mesmo. A auto-referência implica, portanto, a autopercepção e a autotranscendência é metapercepção, ou percepção da percepção.

Em linguagem mais simples, isso significa que os sistemas vivos podem funcionar num nível lógico a partir do qual eles se percebem como um todo. A autotranscendência como metapercepção permite a conceituação e a categorização em holarquias de contexto. Assim, Pankow define a capacidade para metapercepção como consciência.

Segundo esse ponto de vista, então, os sistemas vivos ou autopoiésicos são inerentemente sistemas autotranscendentes, conscientes, usando a sua capacidade para auto-representação ou "conhecimento do eu" na criação e recriação ininterruptas do eu. Isso claramente os torna inteligentes pela definição que demos acima da inteligência como o uso da informação para dirigir a ação. Para usar a informação você precisa ser capaz de conhecer e mapear o sistema no qual você quer usá-la, não importa o seu nível de complexidade. Um exemplo corriqueiro dessa inteligência biológica inerente é o nosso próprio corpo que, sem a nossa observação consciente e sem a assistência intelectual, repara danos recorrendo a recursos incrivelmente variados, aumentando ou abaixando febres, enviando substâncias químicas em dosagens altamente específicas para locais altamente específicos, diluindo venenos, etc., etc., *ad infinitum*. Ele jamais seria capaz disso se não se conhecesse como um todo, em toda a sua complexidade.

A percepção em si pode ser resumida como um processo mais ou menos mecânico, se isolarmos uma percepção do seu contexto para localizar a entrada de um determinado estímulo e os seus efeitos sobre um determinado organismo, como, por exemplo, ao localizar a sucessão linear de ondas de luz mensuráveis, descargas elétricas no olho, fluxos químicos no cérebro, etc. Em seres vivos relativamente simples, como as bactérias, podemos "vincular" essas seqüências a seqüências posteriores de reações ou ações químicas e mecânicas. Mas até mesmo nas bactérias a situação já é complexa demais para explicar tudo o que acontece, porque podemos observá-las fazendo escolhas inteligentes conscientes, conforme demonstrou Lynn Margulis (1991). Portanto, elas têm de conhecer a si mesmas e às suas capacidades, escolhendo algumas delas numa variedade de situações. Mais impressionante é o fato de que todas as bactérias são capazes de fazer escolhas inteligentes quando trocam genes com outras bactérias para resolver situações novas. Esse centro de genes compartilhados torna-as um imenso organismo planetário (S. Sonea e M. Panisset, 1983; Margulis e Sagan, 1995). Para aumentar a sua complexidade, para evoluir, os sistemas vivos têm de transcender a si mesmos, isto é, representar ou conhecer a si mesmos como hólons e explorar as possibilidades de mudança, incluindo a inovação.

À medida que descrevemos os sistemas vivos criando a si mesmos no processo universal, os nossos conceitos fundamentais, sobre os quais concordamos, serão os hólons em holarquias. Se adotarmos o modelo do universo inteiro como um processo evolutivo vivo gerando essas holarquias, essa concepção de autotranscendência como inteligência consciente começa a nos dar uma "unidade radical" muito empolgante. O que é mais importante é que esse modelo nos dá um modo de falar sobre a consciência e a inteligência não como uma propriedade manifesta da evolução, como eu mesma a caracterizei (1989, 1996) e como Roger Sperry e outros a consideram, nem como a força vital isolada de Bergson, o princípio criativo de Alfred North Whitehead, nem as idéias de *sir* Arthur Eddington e Wald da consciência permeando o universo ainda que separada da matéria. Ao contrário, ele figura a inteligência consciente como uma característica fundamental de todo hólon de um universo vivo desde o seu começo.

Erich Jantsch define "mente" como a dinâmica auto-organizadora de um sistema; Pankow mostra-nos os detalhes lógicos; Gregory Bateson disse que a epistemologia em si é a metaciência integrada da mente, que tem a evolução, o pensamento, a adaptação, a embriologia e a genética como a sua matéria de interesse.

Observe que essa concepção de um universo essencialmente vivo e inteligente mantém-nos presos aos pegajosos problemas remanescentes da noção de panspermia de Fred Hoyle com alguma fonte da vida desconhecida mas específica dentro de um universo que de outro modo seria não-vivo; também com a "proposição localizada de Hoyle" de Arne Wyller de que identificamos essa fonte como o nosso próprio planeta inteligente (1996). Wyller pergunta, comparando os esforços de projetistas da inteligência artificial com a evolução natural: "Se as nossas melhores mentes não conseguem engendrar inteligência, como o acaso poderia fazê-lo?" (p. 215) Ele pergunta mais adiante se é razoável achar que a inteligência pode nascer da não-inteligência. A concepção que apresentei mostra a inteligência, assim como a vida que ela implica, presentes desde o princípio.

HARMAN:

Uau! Estou entusiasmado com as suas conclusões. No entanto, devo admitir que os argumentos simples são ainda mais persuasivos para mim do que os muito complexos.

A questão revolucionária com que estamos lidando é a posição ontológica identificada anteriormente, ou seja, de que a realidade é considerada como sendo de hólons em holarquia em vez de partículas fundamentais. Se isso for aceito (e por que não, uma vez que não está em conflito com nenhuma das nossas experiências), então o restante se segue facilmente. Havendo consciência em toda parte na holarquia, então essa é uma característica do todo e não precisamos nos surpreender ao ver algo como a consciência aparecendo em todo lugar. A autopoiese parece estar claramente relacionada a "algo como a consciência". Podemos vir a entendê-la porque ela faz parte de nós. O campo muito desacreditado da experiência mística é essencialmente um aspecto de como os humanos entram em contato com esse conhecimento; o conhecimento direto dos povos indígenas é outro aspecto; o terreno da criatividade estética é outro.

De acordo com esse enfoque, a consciência é inerente a todos os níveis da holarquia universal e não precisa de justificação lógica. O registro da existência humana encontra-se ali e não precisamos mais lançar dúvidas sobre aqueles relatos porque eles não estão de acordo com a visão de mundo científico ocidental autolimitadora.

Em outras palavras, em vez de procurar caminhos dentro do paradigma científico ocidental para sustentar a contenção da consciência que permeia o universo, parece um argumento mais direto observar que a ciência ocidental baseia-se em pressupostos metafísicos que temos razão de questionar, e conseqüentemente deveríamos examinar pressupostos ontológicos e epistemológicos alternativos.

SAHTOURIS:

Esse ponto de vista muito simples tem uma elegância tentadora, e é sem dúvida a concepção que todas as culturas assim chamadas "primitivas", do passado e do presente, sempre mantiveram e ainda mantêm, porque é o que corresponde à sua experiência direta. Elas sabem pelas próprias sensações que toda a natureza é viva, inteligente e consciente. Espera-se que nós da sociedade científico-tecnológica ocidental apresentemos bons argumentos lógicos para uma posição dessas, porque somos ensinados a ver toda a natureza que seja diferente de nós mesmos como uma coleção de "coisas" a serem estudadas, manipuladas e usadas para os nossos fins. Nós definimos os atributos da natureza por intermédio da nossa instrumentação própria, incluindo a matemática, a lógica e os equipamentos mecânicos. O que importa neste momento é que chegamos às mesmas conclusões partindo de ambos os pontos de vista, porque isso tem mais poder de persuasão. O fato de que isso esteja acontecendo me entusiasma muito. Não só aumenta o nosso respeito por essas outras culturas, enquanto vemos que elas são mais sofisticadas do que pensávamos, mas nos dá uma visão de mundo integrada e mais nova, e uma ciência que não teríamos alcançado apenas com a nossa perspectiva limitada.

Glossário

Alonomia: (termo cunhado por Jantsch) lei ou regra de fora para dentro, a natureza do mecanismo inventado. (Na visão de mundo cartesiana, a natureza era governada pelo seu inventor, Deus, como o Grande Arquiteto.)

Alopoiese: literalmente, a criação do outro; um termo conveniente para distinguir mecanismo, que é sempre criado por um inventor que determina as suas regras de operação de fora para dentro (veja alonomia).

Autonomia: lei ou regra *(nomos)* do eu *(autos)*; desenvolvida de dentro para fora.

Autopoiese: literalmente, criação de si mesmo; a nossa primeira definição central de uma entidade viva como algo que cria constantemente a si mesma. Observe que isso implica um contexto do qual ela possa retirar energia e/ou matéria e no qual possa liberar os seus produtos, incluindo dejetos.

Coerência Mútua: a harmonia dinâmica (não estática) resultante da interação do interesse próprio dos hólons no nível da sua própria holarquia (por exemplo, o interesse próprio de um órgão e do seu corpo, ou o da pessoa e o da parceria, são resolvidos na coerência mútua) — talvez o princípio operante fundamental do universo.

Ecologia: organização *(logos)* da casa.

Economia: lei ou regra *(nomos)* da casa *(oikos)*, com "casa" interpretada como uma entidade viva como uma célula, um corpo, um ecossistema ou uma sociedade. (Observe que essas duas definições mostram a inseparabilidade inerente da economia e da ecologia, uma pista para os problemas criados nas tentativas humanas de separá-las.)

Evolução: a dança improvisada da natureza ao longo do tempo, em que os passos factíveis são mantidos enquanto os novos evoluem, visando a saúde e a expansão criativa da complexidade no todo.

Holarquia: a inclusão de entidades vivas umas dentro das outras (por exemplo, célula, órgão, corpo, família, comunidade, ecossistema, biorregião, planeta, sistema estelar, galáxia, etc.).

Hólon: uma entidade ou sistema vivos.

Holonomia: lei do todo que deriva do contexto do eu, dos hólons em que ele está incluído.

Tensão Parte/Todo: a fonte fundamental da criatividade em todos os níveis da holarquia.

CAPÍTULO

QUATRO

Para uma Biologia Holística

As distinções científicas entre mecânico e orgânico têm sido deturpadas porque ignoramos o fato de que os mecanismos são, por definição, criações intencionais dos inventores e, portanto, não podem existir como entidades naturais evoluindo dentro da natureza, sem uma finalidade determinada (não-teleológica). Toda a nossa conceituação científica da natureza como um mecanismo derivou de um esquema cartesiano que era completo do ponto de vista lógico, porque incluía Deus como inventor. Mas sustentar que a natureza é um mecanismo depois de repudiar Deus e a finalidade constitui um grave erro lógico no coração da ciência ocidental.

— Elisabet Sahtouris (1996)

HARMAN:

O que estamos discutindo sugere uma transformação tão radical da biologia que eu gostaria de saber se não deveríamos prestar um pouco mais de atenção aos biólogos que reconhecem os enigmas problemáticos da teoria biológica, mas propõem maneiras menos drásticas de ocupar-se deles. Por exemplo, estou pensando no estruturalismo de Brian Goodwin e Mae-Wan Ho e no conceito da "evolução dialética" de Lewontin e Levins.

Evolução dialética. Conforme afirmam Levins e Lewontin (1985), no mundo cartesiano, "os fenômenos são as conseqüências da reunião de frações atômicas isoladas, cada uma delas com as suas propriedades intrínsecas, determinando o comportamento do sistema como um todo. Linhas de causalidade correm da parte para o todo, do átomo para a molécula, da molécula para o organismo, do organismo para a coletividade. Como na sociedade, assim como em toda a natureza, a parte está ontologicamente antes do todo". Essa concepção domina a ciência ocidental. Mas, na verdade, as partes e os todos evoluem em conseqüência da sua relação, e a própria relação evolui. Partes e todos têm uma relação dialética: uma coisa não pode existir sem a outra, e uma adquire as suas propriedades da sua relação com a outra.

Dois exemplos pertinentes dessa natureza dialética da evolução são a co-evolução do organismo e do seu ambiente, e a co-evolução da ciência e da sociedade ocidental. "A ciência é um processo social que causa e é causado pela organização social." A revolução burguesa na Europa, e a substituição dos detentores hereditários do poder por aqueles cujo poder derivava das suas atividades empresariais, foi acompanhada pelo crescimento na ideologia de mudança como uma característica essencial dos sistemas naturais. Assim, eles dizem: "Uma visão de mundo evolutiva só é realmente congenial numa sociedade em estado de revolução."

"A evolução não é nem um fato nem uma teoria, mas um modo de organizar o conhecimento sobre o mundo." Levins e Lewontin afirmam que o conceito de ordem no processo evolutivo é ideológico. A entropia dá direcionalidade a sistemas inorgânicos; não existe uma medida matematicamente definida para dar direcionalidade à evolução, embora a direcionalidade antientrópica (no sentido da ordem, em lugar da desordem) parece característica tanto da vida quanto da evolução. Para os evolucionistas do século XIX, a evolução significou *progresso*. A estabilidade e a homeostasia foram enfatizadas na teoria da evolução do fim do século XIX. "As teorias da evolução estão agora literalmente preocupadas com a estabilidade e com o equilíbrio dinâmico." O conceito da adaptação na evolução é o de que a natureza cria "problemas" e a evolução consiste em "resolver" esses problemas — como o olho resolveu o problema de ver, a asas de voar, etc.

Por contraste, os princípios deles de uma concepção dialética são (pp. 273-274):

1. Um todo é uma relação de partes heterogêneas que não têm nenhuma existência independente anterior *como partes.*
2. As propriedades das partes não têm nenhuma existência isolada anterior, mas são adquiridas por serem partes de um determinado todo.
3. A interpenetração das partes e do todo é uma conseqüência da intercambialidade de sujeito e objeto, de causa e efeito. Exemplo: Os organismos são sujeitos e objetos da evolução — eles tanto produzem o ambiente quanto são produzidos por ele e são assim os atores da sua própria história evolutiva. (Por exemplo, como discutimos anteriormente, a atmosfera reduzida que existiu antes do começo da vida foi convertida, pelos próprios organismos vivos, a uma atmosfera com alto teor de oxigênio reagente.)
4. Por causa do item 3 anterior, a mudança é uma característica de todos os sistemas e de todos os aspectos de todos os sistemas.

A afirmação de que todos os objetos são internamente heterogêneos nos leva em duas direções. A primeira é a alegação de que "não existe nenhuma base" — nada de "partículas fundamentais". Isso argumenta a favor da legitimidade de investigar cada nível de organização sem ter de procurar por unidades fundamentais. A segunda conseqüência é que isso nos conduz à explicação da mudança em termos dos processos contrários unidos dentro desse objeto. As partes ou processos de um todo confrontam-se mutuamente como opostas, condicionadas ao todo. "O que caracteriza o mundo dialético, em todos os seus aspectos, é que ele está constantemente em movimento. As constantes tornam-se variáveis, as causas tornam-se efeitos e os sistemas se desenvolvem, destruindo as condições que lhes deram origem." Não é a mudança apenas que requer explicação, mas a persistência e o equilíbrio.

Unidade radical. Considero muito empolgante sentir que estamos chegando a uma concepção mais holística — ao que o biólogo britânico Brian Goodwin chama de "unidade radical". Nessa perspectiva, tornar-se e saber estão unidos de modo inseparável. Testemunhe a experiência da gnose do alquimista à medida que ele (sujeito, observador) e o material no crisol (objeto, observado) sofrem uma transformação recíproca, adequada, numa prática relevante sem a qual não pode haver nenhum conhecimento lícito. Isso, para o alquimista, descreve a nossa dança sagrada com a realidade. Goethe tinha uma concepção semelhante da ciência e Henri Bortoft descreveu esse tipo da biologia recentemente em termos modernos no livro dele, *The Wholeness of Science* (1996).

Conforme observou Goodwin, a "unidade radical" dele é bem parecida com a visão de mundo do século XVI, ao retratar a união entre tornar-se e saber, ontologia e epistemologia, conhecedor e conhecido, consciência e matéria. A visão de mundo predominante no século XVI supunha uma unidade profunda entre a natureza e a gnose (conhecimento, oculto mas acessível ao pensamento criativo e ao sentimento). O que surgiu no início do século XVII foi uma ciência baseada numa divisão profunda entre a mente e a natureza que ela contempla. Um "abismo ontológico" passou a existir entre a consciência e o seu objeto. A "realidade" tornou-se um objeto que se demora perante a mente racional, aparecendo a ela mas não nela.

Essa mudança dramática na percepção surgiu de uma luta feroz por volta do começo do século XVII entre dois grupos que defendiam concepções radicalmente diferentes sobre o desenvolvimento e a reforma na Europa. Essa luta pela legitimidade e pelo poder, entre o dualismo cartesiano e a filosofia renascentista da natureza, foi um evento fatal na história ocidental. A visão de mundo medieval holística foi rompida. Conforme o poeta contemporâneo John Donne lamentou: *"Tis all in paeces, all cohaerence gone."*[9]

SAHTOURIS:

Tanto as dialéticas de Levins e Lewontin quanto a unidade radical de Goodwin fazem sentido como aspectos de uma revisão da biologia. E já deveria ser óbvio que concordo em que a teorização e a pesquisa do grupo britânico como um todo em torno de Goodwin e Ho representam uma orientação mais promissora na biologia atual. Goodwin dá, conforme você diz, um passo muito radical ao voltar a uma visão de mundo européia "pré-científica" para propor uma biologia participativa que preencheria novamente a lacuna — o "abismo ontológico" — entre o cientista e o fenômeno, a consciência e o seu objeto, ser/ontologia e saber/epistemologia. No entanto, acho que esse passo atrás é o único caminho para a frente. Fomos até onde podíamos com esses dualismos e talvez possamos considerar essa jornada para a "objetividade" reducionista/materialista como uma digressão histórica produtiva. Mas a nossa separação da natureza exterior, e da nossa própria natureza interior, nesse mundo tecnológico gerado pela ciência, põe agora

9. No próprio verso (que se poderia traduzir como: "Tal como a paz, toda a coerência se foi"), o autor espelha o sentido de retrocesso, nas transposições em *paeces* (por *peaces*, "pazes") e *cohaerence* (*coherence*, "coerência"). (N. do T.)

em risco a nossa própria existência a ponto de sermos literalmente forçados a reconsiderar o bebê que jogamos fora com a água da bacia — o universo vivo, participativo, quer gostemos, quer não.

As observações de Levins e Lewontin sobre a dialética da evolução e o seu reconhecimento de que "A evolução não é nem um fato nem uma teoria, mas um modo de organizar o conhecimento sobre o mundo" são ambas relevantes na transição para uma nova biologia. Os biólogos evolucionistas podem ser considerados como fazedores de mapas dos processos temporais dos sistemas vivos da Terra e, como eu tenho dito com freqüência, mapas diferentes do mesmo território são úteis para propósitos diferentes. Esse mapa da "evolução dialética" é semelhante ao modelo cibernético de Lovelock — a biota modificando o ambiente abiótico e vice-versa. O modelo de "interpenetração das partes" de Levins e Lewontin, assim como a junção cibernética da biota com o ambiente abiótico de Lovelock, é certamente preferível ao conceito darwinista de mão única do ambiente formando as espécies.

Outros biólogos mapeiam esse processo interativo à sua própria maneira. Eu gosto de chamar isso simplesmente de "co-evolução" do todo — todas as espécies, todos os processos geobiológicos. A questão é se continuaremos considerando o processo como um neodarwinismo atualizado ou se passaremos a uma maneira verdadeiramente nova de considerar a natureza como um único todo inteligente. É de algum interesse nesse sentido que Horgan (1996) tenha citado Stephen Gould e Stuart Kauffman como sendo ambivalentes quanto a se o trabalho deles constituía um aperfeiçoamento do trabalho de Darwin ou uma alternativa a ele.

Vamos considerar a evolução segundo os nossos termos — como uma holarquia de hólons num esforço contínuo no sentido da coerência mútua dinâmica. As bactérias antigas ocupam-se do intercâmbio incessante de genes que conduz a novas características físicas e estilos de vida ao mesmo tempo que continuamente reciclam e recriam a atmosfera, o solo e os mares. As espécies maiores (plantas e animais) evoluem elaborando relações predador/presa que os mantenham reciprocamente saudáveis, como também buscando modos cooperativos de se proteger mutuamente e atendendo às respectivas necessidades de reprodução. Os ecossistemas aperfeiçoam-se por reciclagem total; os produtos a que chamamos "dejetos" asseguram a sobrevivência de espécies sendo úteis a outras. Espécies com uma configuração eficaz e resiliente, como as lulas, as salamandras e os tubarões, sobrevivem como bicicletas na era do jato, ao passo que outras se superam em explosões de criatividade renovada. Espécies que não conseguem a coerência mútua com outras podem dominar e destruir durante algum tempo, mas cedo ou tarde morrem de fome pela própria gula.

Conforme disse o filósofo grego Anaximandro há poucos milhares de anos (segundo a minha própria tradução para o inglês): "Tudo o que se forma na natureza contrai um débito, que deve ser pago com a própria desintegração, de modo que outras coisas possam se formar." Que explicação maravilhosa da evolução pela reciclagem numa única frase! Até mesmo as galáxias, encontrando e engolindo umas às outras, combinando-se e separando-se, gerando estrelas e planetas no curso das suas vidas, podem agora ser consideradas como participantes macroscópicos dessa dança improvisada da criação mútua, ou co-evolução.

O que você e eu estamos tentando fazer, pois concluímos que os resultados das pesquisas assim como da observação cotidiana da natureza conflituam com os mapas científicos atuais, é estudar o desenvolvimento desse sistema de cartografia alternativo. Se ele se mostrará conveniente ou não dependerá, é claro, de quem decidir testá-lo e de como ele venha a se comportar sob o referido teste.

No nosso modelo ou mapa dos sistemas vivos, optamos por considerá-los como hólons numa holarquia, envolvidos nessa infindável dinâmica criativa em busca da coerência mútua. Essa foi para mim uma maneira coerente e significativa de organizar as observações humanas do cosmo, da Terra e dos seres vivos. Ainda assim, por muito tempo permaneci deliberadamente dentro da tradição científica ocidental, reorganizando os dados científicos aceitos segundo esse novo modelo, mantendo na consciência nada que não fosse um fenômeno evolutivo que ia surgindo gradualmente. Isso me proporcionou um modelo que mostra toda a vida como um processo único interligado, interdependente. Mas ele continuou sendo exatamente isso — uma nova maneira coerente de ver —, não uma nova maneira de explicar o que vemos.

Atribuir inteligência ao universo holárquico inteiro parece ser agora o próximo passo mais óbvio — mas não de maneira dualista, mas simplesmente considerando essa inteligência como uma propriedade observada de todos os sistemas vivos autopoiésicos ou hólons. Não seria possível fazer isso com o universo não-vivo moldado mecanicamente. A inteligência percebida pelos "pais da ciência" tinha de ser localizada num *deus ex machina,* ou num Deus fora do grande mecanismo — Deus seu inventor, ou, conforme Descartes o chamou, o "Grande Arquiteto".

Quando esse Grande Arquiteto foi repudiado em favor do processo acidental fortuito, o significado e a finalidade foram retirados da visão de mundo científica. A ciência ocidental contentou-se com a descrição detalhada — ela só tinha de dizer "como" as coisas eram, enquanto negava que houvesse algum "porquê". O universo entrópico não-vivo, ainda moldado em termos mecânicos como uma grande máquina funcionando até a morte por calor, não tinha mais significado que uma máquina dadaísta. Tinha menos que isso, na verdade, uma vez que as máquinas dadaístas tinham inventores com a finalidade paradoxal de criar algo sem nenhum propósito ou sentido. O universo entrópico, tudo o que chamamos "natureza", simplesmente *era* e, assim, tudo o que a ciência podia fazer era descrever as suas partes e separar e copiar os seus aspectos úteis para o desenvolvimento de tecnologia humana.

Aqueles filósofos da ciência, como Bergson e Whitehead, que não conseguiram negar a vida exuberante e inteligente do cosmo e do planeta, foram forçados a injetar um *élan vital* ou um princípio criativo divino na natureza. A ciência moderna simplesmente ignorou esses filósofos, ou os declarou vitalistas ou dualistas e os citou como exemplos da heresia antropomórfica.

Mas a inteligência, a consciência e a intenção continuavam espreitando insistentemente, conforme você observou reiteradas vezes, por trás de todos os dados da micro e da macrobiologia. Chega um momento em que negar isso parece tão ridículo quanto o cientista que nega a consciência e a inteligência dos seus próprios filhos, como B. F. Skinner fez. Era como um jogo que os cientistas houvessem aprendido a jogar, cujas regras eles ensinavam a cada novo grupo de alunos de graduação que iniciavam. Não se podia simplesmente quebrar essas regras sem correr o risco de ser expulso do jogo. Agora, no entanto, chegamos a um momento de tremenda transição — um momento de "mutação", nos termos dos evolucionistas. As regras têm de ser quebradas porque elas já não servem mais.

O nosso modelo holárquico acata perfeitamente a visão da consciência como um fator intrínseco da natureza, uma vez que é um modelo participativo no qual todos vivemos. As entidades vivas, ou hólons, demonstram auto-referência, percepção, inteligência; na verdade, elas não poderiam existir sem a percepção de si mesmas e do ambiente, ou sem o uso inteligente das informações que a percepção proporciona. Uma entidade autopoésica é necessária e intrinsecamente consciente.

Como isso se encaixa na unidade radical de Goodwin? Numa holarquia, o "saber" ou "conhecer" não se torna manifesto como "conhecido"? — a consciência não é a fonte da morfologia, do padrão materializador? Não são a ontologia e a epistemologia um único processo enfatizando agora um aspecto, depois o outro? Esse é o conceito dos todos dinâmicos.

HARMAN:

Realmente, o dualismo cartesiano na ciência desmontou o todo no seu esforço para explicar tudo "objetivamente", com os observadores inteligentes separados do mundo natural dos "objetos" em estudo. Desse modo, viemos a considerar o próprio organismo como um mecanismo dualístico, uma parte sob controle, como um programa de computador ou a codificação no DNA; a outra parte como equipamento passivo, como o computador em si ou o corpo.

Há uma forte tendência na biologia moderna para supor que os organismos têm um aspecto controlador "inteligente" e um aspecto passivo, semi-inanimado, controlado. A parte controladora encarna os princípios essenciais do estado biológico: a capacidade para manter as partes funcionando uma em relação à outra, para reproduzir-se, evoluir e adaptar-se. A parte controlada é estritamente explicável em termos da física e da química. O organismo é visto como um mecanismo dualístico, comparável a um computador com o seu programa "inteligente" e o seu equipamento passivo que responde a instruções codificadas no programa.

Essa é precisamente a metáfora usada na biologia molecular para explicar a relação entre o DNA, com as suas instruções hereditárias, que são traduzidas inteligentemente em proteínas pelo código genético, e o organismo, que é feito dessas proteínas e dos seus produtos. Os tipos de macromolécula do DNA, do RNA e das proteínas são característicos dos organismos; as suas relações e as suas mudanças durante o desenvolvimento embrionário e a evolução são descritas de maneira bem-sucedida por essas metáforas. As técnicas de análise molecular incluem algumas que exploram os processos macromoleculares básicos característicos dos organismos, como as reações imunológicas (antígeno/anticorpo), a replicação do DNA (clonagem genética) e as interações de DNA/RNA (hibridização).

Não há absolutamente nenhuma dúvida quanto à importância dessas análises e técnicas. O que continua sendo enganoso é precisamente o que essas técnicas e a estrutura conceitual associada não conseguem avaliar diretamente, ou seja, a natureza da ordem espacial e temporal integrada que dá aos organismos os seus atributos distintivos, especialmente a morfologia e o comportamento.

As explicações biológicas contemporâneas tendem a descrever apenas as condições necessárias. Elas tendem a ignorar toda e qualquer referência às leis de organização dos sistemas biológicos, que são passíveis de ser comparáveis às leis básicas da física, e assim tratam apenas das condições necessárias, não das suficientes. Por exemplo, sempre se encontram declarações afirmando que os genes mutantes "causam" determinados tipos de mudança na forma ou na morfologia dos organismos. Um exemplo é um mutante homeótico chamado *antennapaedia* na mosquinha-das-frutas *Drosophila,* na qual aparecem pernas durante o desenvolvimento embrionário da mosca onde normalmente surgiriam antenas. No entanto, essa não é a causa nem num sentido específico, nem suficiente. Não é específico, porque o efeito do gene mutante pode ser produzido em moscas normais (não-mutantes) por um estímulo inespecífico, como uma mudança transitória na temperatura à qual o embrião é exposto num momento determinado do seu desenvolvimento; e não é suficiente, porque o conhecimento da presença do gene mutante não é suficiente para explicar por que a morfologia muda dessa maneira.

A metáfora específica que os biólogos têm usado para explicar a reprodução biológica, isto é, que o processo reprodutivo é dirigido por um programa escrito na mensagem do ácido nucléico, tem duas conseqüências duvidosas. Primeiro, implica que os genes e as "informações" que eles contêm constituem explicações específicas e suficientes sobre a reprodução, de forma que os biólogos buscam soluções para o problema da reprodução em termos de hierarquias de genes reguladores ou de controle e das "sub-rotinas" que eles controlam. Isso divide o organismo em genótipo (instruções) e fenótipo (a forma produzida pelas instruções); conforme comentamos anteriormente, essa divisão conduziu ao dogma de que não pode haver transferência de informações de organismo para genoma. (Essa divisão, recordamos, foi introduzida por Weismann em 1894.)

A segunda conseqüência é que essa metáfora também faz com que a biologia pareça basicamente diferente da física, considerando-a principalmente como uma ciência de processamento de informações e não caracterizada por tipos específicos de organização da matéria e de campos de força distintivos.

Na concepção mecanicista da biologia, espera-se o equilíbrio; a mudança precisa ser explicada. Na visão de processo, ao contrário, espera-se a mudança e procura-se explicar a estabilidade. Na concepção holística (causalidade imanente), "as coisas fazem o que ocorre naturalmente". Por exemplo, não se pode achar causas *externas* na embriogênese; o organismo é causal com relação a si mesmo, ele tem *vitalidade.*

O organismo está sempre *tornando-se algo:* para ser verdadeiro com relação à sua própria natureza, o organismo tem de mudar e se transformar constantemente. Goodwin insiste em que para entender a vida temos de substituir o paradigma não-histórico e reducionista da biologia moderna por um paradigma gerador de processo. A característica quinta-essencial dos organismos é dinâmica. Nunca entenderemos a vida considerando a forma fixa; uma única folha ou flor não passa de um ponto de referência no desenvolvimento da planta, um produto visível deixado pela vida que flui. Temos de começar com um conceito de organismo inteiro e com o seu ciclo de vida. *Essa é a entidade fundamental na biologia;* ela gera partes que se harmonizam com a sua ordem intrínseca.

SAHTOURIS:

Você ilustrou maravilhosamente o problema com a concepção mecanicista: ela congela a imagem do que é inexplicável independentemente da sua dinâmica e então mais adiante confunde o assunto dividindo essa forma estática em partes, incluindo esse modelo biológico atual do organismo como um computador programado pelo programa do DNA. Os cientistas são notórios por acreditar que a natureza copia as nossas mais recentes invenções tecnológicas. Lembre-se do modelo de Freud que via o cérebro como um encanamento, onde as coisas jorravam e as válvulas tinham de ser abertas para dar vazão a elas, etc. Esse modelo foi sucedido pelo do painel de controle telefônico, depois pelo do computador, da câmara holográfica e agora do processador em paralelo. Ficamos cada vez mais sofisticados nas nossas tentativas de copiar a natureza, reduzindo algumas das funções dela às nossas unidades mecânicas abstratas, mas por mais que proclamemos que a natureza copia as nossas invenções, ela continua fazendo o contrário. O cérebro não é nenhum tipo de computador, nem existe uma única célula "programada" pelo seu DNA, porque nenhum dos dois é um mecanismo montado com partes por algum inventor externo.

As confusões entre mecanismo e organismo também me fazem recordar os problemas das medidas e da criação de modelos no estudo dos sistemas vivos. Você falou sobre a validação consensual e outras alternativas para a avaliação dos resultados das pesquisas, sobre as quais acredito que necessariamente teremos muito a considerar, mas, na maioria das vezes, os cientistas continuarão a reduzir os dados a equações e a usar a criação de modelos por computador em linguagens matemáticas como equações não-lineares, dinâmica e cibernética. Precisamos saber até que ponto podemos aprender de fato com esses modelos e quais as limitações deles. Brian Goodwin, por exemplo, fez fascinantes progressos com os seus modelos por computador da morfogênese, mas há algumas questões interessantes sobre os limites desses modelos. Embora possam resumir padrões geométricos ou interações cibernéticas, eles vão abaixo muito rapidamente quando se se considera algum tipo de complexidade natural, e esses cientistas não tiveram êxito em criar modelos do processo evolutivo por essa razão. Isso nos leva à questão mais ampla de saber até que ponto os meios mecânicos são capazes de criar modelos orgânicos.

Vamos revisar as diferenças fundamentais entre os sistemas vivos e mecânicos (formais): anteriormente, nós os discutimos como sistemas abertos e fechados, do ponto de vista lógico (Capítulo Três), observando que os sistemas formalmente fechados não podem representar a si mesmos, como demonstraram Russell e Gödel. As distinções científicas entre mecânico e orgânico foram deturpadas porque ignoramos o fato de que *os mecanismos são, por definição, construções intencionais dos seus inventores* e, portanto, não podem existir como entidades naturais evoluindo numa natureza sem um propósito determinado (não-teleológico). Todo o nosso conceito científico da natureza como mecanismo derivou de um esquema cartesiano que era completo do ponto de vista lógico *porque* incluía Deus como inventor. Mas sustentar que a natureza é um mecanismo depois de repudiar Deus e a finalidade constitui um grave erro lógico no coração da ciência ocidental. Essa é uma questão extremamente importante que simplesmente não se vê ser discutida, como me parece que deveria ser.

Agora que podemos definir e considerar a vida como autopoiésica, também podemos ver com mais clareza que as máquinas, por contraste, são o que chamei de *alopoiésicas* (criadas por outro), com uma lógica inerente diferente. Os mecanismos, e as linguagens matemáticas/lógicas em que eles se baseiam, não são auto-referentes e não podem ser entendidos como um todo; desse modo, não são e não podem, por definição, ser hólons. Eles existem dentro do hólon da humanidade como extensões inventadas pelos seres humanos, transformações da matéria a partir do ambiente dos hólons humanos. Para perceber a diferença entre mecânico e orgânico mais intuitivamente, lembre-se de que os hólons vivos mantêm a sua continuidade por meio de uma renovação ou mudança contínua de materiais em todas as suas partes, enquanto os mecanismos dependem dos criadores ou do pessoal de manutenção para efetuar as mudanças. Quando você se afasta de um mecanismo, você, na verdade, espera que ele não mude, uma vez que não é provável que o mecanismo se aperfeiçoe na sua ausência; por outro lado, quando se afasta de um amigo ou de uma outra entidade viva, você espera que eles continuem mudando na sua ausência, para não morrer.

Desde os tempos antigos, quando as linguagens formais foram criadas, tem sido uma necessidade que elas não mudem com o passar do tempo, com a cultura, ou com a linguagem natural usada para ensiná-las. Desse modo, elas tiveram de ser criadas a partir de elementos e de regras combinados que eliminassem os aspectos vivos, em constante mudança, das linguagens naturais. Em outras palavras, toda capacidade da linguagem natural para a auto-referência e a autotranscendência foi deixada de lado na criação das linguagens artificiais, fosse esse um processo consciente por parte dos inventores ou não. Os limites das linguagens formais as separam, os limites dos sistemas vivos os unem. Observe também a inclusão de mão única da linguagem formal na linguagem natural: a matemática ou a lógica devem ser ensinadas numa linguagem natural; não se pode obviamente ensinar uma linguagem natural usando a matemática ou a lógica.

Essas diferenças esclarecem melhor por que os computadores, apesar das sinceras esperanças dos projetistas da inteligência artificial, não traduzem bem as linguagens vivas por meio de padrões literários inteligentes; por exemplo, eles não podem escrever nem mesmo traduzir poesia. Paul Watzlawik, e depois Walter Pankow, afirmaram que os sistemas vivos só podem ser representados satisfatoriamente por meio de linguagens vivas (naturais), que são elas próprias autotranscendentes. Num experimento científico, criamos uma instrução para a medição de relações entre determinadas (muito poucas) variáveis separadas abstraídas (isoladas) do seu contexto habitual e esperamos que isso explique um fenômeno fora do experimento. A medição é uma observação indireta que necessariamente exclui fatores qualitativos. Literalmente, transformamos o fenômeno natural em estudo num sistema matemático para chegar a funções matemáticas: relações formais ou "leis" entre variáveis independentes e dependentes, em geral numa causalidade lógica "se... então". Desse modo, a ciência transforma o mundo na sua própria imagem e torna-se uma profecia autocumprida. Conforme Pankow observou: "A explicação não está atrelada ao fenômeno, mas o fenômeno é adaptado a uma explicação já existente."

No caso de sistemas matemáticos não-lineares ou mais holísticos, como a dinâmica e os computadores, os modelos são capazes de uma complexidade muito maior do que o laboratório proporciona, mas a mensuração real de cada variável torna-se impossível, logo os modelos em si tornam-se o experimento (como simulações) e as decisões sobre a sua validade baseiam-se no "ajuste" com relação à observação direta do mundo real, com uma mensuração limitada sobre algumas variáveis para confirmar esse ajuste. Quer dizer, não se pode fazer a natureza se ajustar ao modelo, assim desperdiçamos tempo com o modelo até que ele reflita a realidade. A essência e os aspectos qualitativos da vida permanecerão evasivos, e isso exige a busca de novos meios para avaliar os fenômenos qualitativos dos sistemas vivos.

HARMAN:

Eu acho que você tem toda razão quanto a esse problema da medição e da criação de modelos. Ele aponta para a mesma direção que o preconceito da ciência ocidental que observei antes — a suposição de que uma ciência nomotética, caracterizada por "leis científicas" invioláveis com relação a variáveis quantificáveis, seja capaz de nos fazer chegar à compreensão que buscamos.

Na evolução, existe uma ordem geradora que é preciso entender; a mutação ao acaso e a seleção natural existem, mas não são suficientes para explicar a forma. A inteligibilidade profunda da natureza deve ser vista no tipo de ordem que produz os elementos químicos como estados estáveis envolvendo configurações diferentes das partículas fundamentais. Assim como na evolução, as espécies são os "estados estáveis" que refletem regras profundas de ordem e de organização.

Na biologia, há uma tentativa continua de reduzir a forma à composição molecular, mas isso não funciona. Fazendo uma analogia, poder-se-ia tentar deduzir a forma do fluxo espiral da água ao escoar pelo ralo a partir da sua composição molecular, mas isso não vai funcionar; todos os líquidos exibem uma forma semelhante, que pode ser descrita em termos de princípios hidrodinâmicos e equações de campo.

Separar a inteligência ou a consciência dos "mecanismos biológicos" numa ciência reducionista tem criado uma situação em que a consciência quase foi posta para fora do âmbito do estudo científico legítimo. Um dos mais importantes avanços contemporâneos, parece-me, é o reconhecimento cada vez maior de que a consciência foi muito negligenciada na ciência ocidental e que agora deve ser levada em consideração.

Uma forma específica de concepção holística é encontrada no estruturalismo de Goodwin e Ho. De acordo com eles, a explicação do desenvolvimento (ontogenia) não deve ser procurada apenas nos genes. Em vez de uma transferência de mão única das informações genéticas, existe todo um trabalho em rede para avaliar os inter-relacionamentos entre o organismo e o ambiente. A hereditariedade não reside tão-somente no DNA. Ela não é inerente a qualquer substância material específica passada adiante de uma geração para a seguinte; na verdade, ela é uma propriedade que surge do mesmo nexo de inter-relacionamentos que se concatenam nas gerações e entre elas. O organismo é um todo integrado, genótipo com fenótipo, corpo com limite embrionário. Esses todos estão eles próprios em continuidade com o passado e com as gerações futuras pelo nexo das relações fisiológicas, ecológicas e socioculturais.

Essa concepção estruturalista supõe que os fenômenos biológicos são inteligíveis no que se refere a expressar um tipo particular de ordem. Quer dizer, padrões filotáticos (folha) em plantas, membros tetrápodes e olhos são interpretados como conseqüências naturais da ordem dinâmica do estado vivo. O princípio básico do estruturalismo é que *a função precede a estrutura*. As pesquisas de Goodwin, Ho *et al.* indicam que as formas biológicas são um resultado do que provém naturalmente das propriedades dinâmicas em ação nos organismos em desenvolvimento; elas equivalem a soluções de equações de campo morfogenético com condições de limites móveis. A morfogênese não é o resultado de um "programa genético", mas, sim, a conseqüência da relação dialética entre a geometria geradora da dinâmica e a dinâmica modificadora da geometria. Os genes definem a gama de parâmetros dentro dos quais esses aperfeiçoamentos acontecem, mas os princípios organizadores do processo são incorporados às propriedades espaço-temporais e de comportamento do campo morfogenético da parede citoplasma/célula. Não é suficiente conhecer a composição molecular dessas estruturas para explicar a forma; é necessário compreender os princípios organizadores. Esse enfoque também ajuda a entender como a forma pode ser influenciada pela concentração de cálcio na água do mar adjacente, pelas propriedades elétricas do meio adjacente, etc.

Os genes definem as condições necessárias, mas não suficientes, para explicar a forma. A convicção estruturalista é de que há princípios geradores operando nos organismos que lhes dão uma unidade inteligível abrangendo a sua diversidade óbvia. Além disso, esses princípios podem ser descobertos por programas de pesquisa adequados.

Goodwin dá um exemplo do mundo das plantas. Há aproximadamente 250 mil espécies diferentes de plantas superiores — as que nos são familiares, com raízes e tronco, folhas verdes e flores. Apesar da profusão de formas de folhas nessas plantas, existem basicamente apenas três tipos de folha e de padrões de flor: verticilado, alternado e helicoidal. Isso leva à proposição de que há "apenas três atratores morfogenéticos básicos para a organização dinâmica do meristema [a extremidade de crescimento da planta] como um sistema de crescimento com um limite móvel. [...] Os três padrões filotáticos básicos [disposições das folhas no caule] são as soluções morfogenéticas estáveis de [os] campos de tensão mecânicos. [...] Assim como ninguém usa a mecânica quântica para entender a solidez da construção de uma determinada ponte ou o empenamento de uma viga, também não se deveria tentar explicar a filotaxia em termos de hormônios ou efeitos genéticos. Trata-se do nível de análise errado. Esse é outro dos preceitos do estruturalismo: formular no nível adequado e não fazer nenhuma suposição sobre o reducionismo causal, ou níveis preferidos de explicação" (Goodwin, 1994a).

O olho é um exemplo freqüentemente citado de um problema com as premissas neodarwinistas. Como variações aleatórias poderiam se juntar por acaso um dia para produzir o primeiro olho elementar, do qual a seleção natural poderia produzir os sistemas visuais altamente sofisticados presentes em todos os vertebrados e em invertebrados como os gastrópodes, cefalópodes, crustáceos e insetos? O que é ainda mais impressionante é que os olhos de vários projetos parecem ter evoluído independentemente muitas vezes — talvez umas quarenta vezes. Mas Goodwin afirma (1994a, p. 162) que, do ponto de vista estruturalista, "os olhos não são absolutamente improváveis. Os processos básicos da metamorfose animal conduzem de um modo perfeitamente natural à estrutura fundamental do olho". Ele mostra como um sistema primitivo mas funcional para o registro de imagens visuais poderia ter surgido independentemente em muitas ordens como uma conseqüência natural dos princípios dinâmicos que operam em embriões animais envolvendo a dobra, a dispersão e a interação de camadas de células. Um aperfeiçoamento desses seria o "primeiro passo necessário na evolução de sistemas visuais mais sofisticados, que surgem por extensões e aperfeiçoamentos de movimentos morfogenéticos básicos. Os processos envolvidos são transformações espaciais robustas, de alta probabilidade, de tecidos em desenvolvimento, não estados altamente improváveis que dependem de uma especificação precisa de valores de parâmetros (um programa genético específico). [...] Os olhos muitas vezes surgiram independentemente na evolução porque são resultados naturais, robustos, de processos morfogenéticos" (pp. 167-168).

Aqui temos um exemplo de três níveis potenciais de explicação, todos complementares, nenhum contradizendo o outro: molecular (informações genéticas), estrutural (princípios dinâmicos) e surgimento criativo (os olhos evoluíram porque a potencialidade da visão foi reconhecida pela inteligência subjacente). O primeiro destes é bem aceito e, por alguns cientistas, aparentemente considerado suficiente. O segundo é menos universalmente valorizado, mas em geral seria considerado uma área legítima de estudo. O terceiro é tipicamente considerado um absurdo vitalista, há muito descartado pela comunidade científica predominante. Ainda assim, como acho que veremos (Capítulo Cinco), ele ainda pode ser considerado. A explicação mais completa, sugerimos nós, é algo assim:

Genes ↔ Campo morfológico ↔ Surgimento criativo

Conforme insistiu Brian Goodwin, não existe uma metafísica adequada de processo sobre o qual desenvolver uma teoria científica dos organismos como agentes que manifestam causalidade imanente. Os organismos não são bolas de bilhar, impulsionados pela mutação fortuita e moldados pela seleção natural. Eles são processos auto-organizados envolvidos em padrões característicos de transformação, tanto ontogênicos (desenvolvimentistas) quanto filogenéticos (evolutivos). Eles são as causas e efeitos de si mesmos, passando por mudanças constantes para ser eles mesmos.

Uma das características distintivas de uma biologia holística são as metáforas usadas. A literatura do neodarwinismo reducionista está repleta de metáforas como "informações" do DNA, "programa" genético, interações "competitivas" entre as espécies, "sobrevivência do mais adaptado", "genes egoístas" e "estratégias" de sobrevivência. Na concepção neodarwinista da evolução, as espécies ou funcionam, e conseqüentemente sobrevivem, ou não funcionam; elas não têm nenhum valor intrínseco nem qualidades holísticas, e as metáforas revelam isso. Numa biologia holística, ao contrário, encontramos metáforas como contínuo, cooperação, altruísmo, criatividade, atividade e intencionalidade. A aparente finalidade (influência teleológica ostensiva) não é necessariamente algo epifenomenal, a ser "explicado" nos termos da química e da física, mas uma característica manifesta observável a ser incluída nas teorias nos níveis hierárquicos superiores (holárquicos).

Tudo isso parece levar a uma estrutura hierárquica da ciência: física, biológica e humana. As ciências biológicas estão limitadas, em geral, por constrangimentos impostos pelas ciências exatas, mas alguns conceitos das ciências biológicas não podem ser reduzidos às ciências exatas. Do mesmo modo, as ciências humanas estão limitadas, em geral, por constrangimentos impostos pelas ciências exatas e biológicas, mas alguns conceitos das ciências humanas não podem ser reduzidos às ciências exatas e biológicas.

Esses enfoques assim como os de Levins & Lewontin e Goodwin & Ho merecem atenção, e ainda assim parece que eles não abrangem tudo. Eles não se aprofundam o bastante na análise que fazem do problema de ajustar as observações biológicas à estrutura da ciência ocidental.

Eu acho que esses "enigmas" biológicos parecerão bastante diferentes quando combinarmos a ontologia holárquica com o "empirismo radical" de William James, uma combinação que sugere uma cosmologia radicalmente nova.

SAHTOURIS:

Você tem toda razão ao dizer que a biologia foi constrangida indevidamente pelas ciências exatas, incluindo o esforço forçado para construir entidades biológicas a partir de componentes físico-químicos, como se eles fossem mecanismos montados. Uma das minhas metáforas favoritas é a de que o processo dinâmico da natureza é muito menos parecido com a engenharia do que com a maternidade. A natureza simplesmente não monta as coisas, mas pega um pouco aqui e põe ali, manipulando criativa e incessantemente as necessidades e os recursos para que tudo saia bem para todo mundo na família inteira e na comunidade. Essa é apenas outra versão da evolução como a dança participativa improvisada de todo ser compreendido na natureza. Ela parece muito compatível com a noção de Brian Goodwin dos seres naturais como "causas e efeitos de si mesmos, passando por mudanças constantes para ser eles mesmos".

O dançarino está sempre ali, repetindo os passos bons, combinando-os com novas transformações evolutivas do seu corpo em resposta ao seu público e ambiente. "Mãe" e "dançarino" são, é claro, metáforas antropomórficas, entretanto eu ficaria feliz em visualizar o dançarino como um golfinho ou um rio, desde que a metáfora subjacente fosse a dança (função ou processo) em si. Poderíamos dizer que a dança embala o dançarino (estrutura), enquanto você, eu e Goodwin, para não mencionar alguns físicos quânticos, todos estamos de acordo. Essa dança não é nada mais nada menos que a consciência expressando a si mesma, como expus anteriormente. Alguns a chamam de dança de Shiva.

O nosso paradigma holárquico, do sistema vivo, possibilita-nos considerar que todas as células e organismos, desde os microrganismos até a própria Terra, co-evoluem, com comunicação inteligente em todos os níveis. E, como você diz, cada nível da dança tem as suas próprias características. Nos termos da metáfora do dançarino, podemos estudar os movimentos minuciosos de cada parte do corpo, os efeitos e causas em todo o corpo em movimento integrado, as percepções e comunicações entre as partes, o campo físico/mental e os sentimentos do dançarino, os padrões evolutivos da dança em si e assim por diante. Não importa se vamos do pequeno para o grande ou do grande para o pequeno; o que importa é que consideremos todos os níveis como igualmente importantes, e que o hólon, ou o todo, seja o nosso ponto de referência.

Deixe-me tentar reunir algumas das características fundamentais ou princípios organizadores que podemos observar nos hólons, sejam eles células, corpos, famílias, comunidades, ecossistemas ou a própria Terra. Os exemplos dados nesta lista são para ajudar a identificar os problemas nos sistemas humanos que são o resultado de deixar de agir conforme as funções sistêmicas dos sistemas naturais saudáveis.

Autocriação (autopoiese): Todos os sistemas vivos estão continuamente construindo e renovando a si mesmos. No corpo, por exemplo, as moléculas e células das várias partes renovam-se em ritmos diferentes (as células do revestimento do estômago e as moléculas das células cerebrais renovam-se em horas ou dias; outros tipos de célula substituem-se mais lentamente, mas a cada sete anos mais ou menos o corpo está completamente constituído de materiais novos). As famílias humanas, como sistemas vivos maiores, mostram renovações não só nos seus integrantes mas também no modo como as suas extensões materiais (bens como imóveis, roupas, automóveis, etc.) são trocadas com o passar do tempo. Os integrantes, assim como os sistemas como um todo, também criam e trocam conhecimentos, pensamentos, sentimentos e ações. Os hólons encontram-se num fluxo dinâmico infinito.

Inclusão (holarquia): A criação de si mesmo requer fontes ambientais de matéria e energia. Até mesmo as formas de protovida como os átomos aparentemente criam a si mesmas de modo contínuo, tirando energia do ponto zero e liberando a energia gasta nesse fundo; de maneira semelhante, os redemoinhos dos rios e as nuvens de trovoada que retiram dos seus ambientes o que precisam para manter as suas formas, e assim procedem todas as células, fungos, plantas e animais. Os sistemas vivos complexos estão incluídos nos sistemas vivos maiores: as células dentro de corpos, os corpos dentro de famílias, organizações, comunidades, biorregiões, o mundo humano, o planeta, o cosmo. Observe que todo indivíduo está muito profundamente incluído em algo maior e só pode ter uma ilusão de separação. A autonomia é modificada continuamente pela holonomia (veja o Glossário, pp. 116-117).

Fluxo transformacional: Os sistemas vivos consomem matéria, energia e informações; eles as usam e transformam, então expelem a matéria, a energia e as informações transformadas. Um animal como um sistema vivo individual, por exemplo, consome comida, água e ar, assim como som, luz, sabores, cheiros e outras energias e informações perceptivas. O ser humano também consome informações de outras pessoas, do rádio e da televisão, dos materiais impressos, de programas de computação, etc. Todos esses dados de entrada são transformados. O alimento pode ser cozido, comido, digerido, assimilado, transformado em músculo ou energia cerebral, e excretado; a energia solar é transformada em ATP; as notícias podem ser transformadas em emoções; raiva, em amor.

Complexidade: Os sistemas vivos têm partes múltiplas e aspectos diversos que desempenham várias funções. Quando a saúde é boa, essa complexidade funciona harmoniosamente. As relações complexas de funções e estruturas até mesmo na célula mais simples ainda não foram completamente entendidas. Nas organizações humanas saudáveis, por exemplo, precisamos de visionários, empreendedores, executores, administradores, gerentes financeiros, coordenadores, etc.

Consciência: Uma entidade viva tem a capacidade da auto-referência, que significa percepção e metapercepção (a capacidade de se reconhecer como um todo) e equivale à percepção ou à consciência. As espécies que fazem parte de ecossistemas parecem ter alguma forma de consciência das suas holarquias.

Comunicações: As partes de um sistema vivo saudável conhecem umas às outras e partilham e trocam informações. Cada célula de um ser vivo pluricelular contém informações sobre todas as outras células, proporcionadas pelo DNA. As células e os órgãos trocam constantemente mensagens e elementos transmitidos e coletados em locais receptores e emissores. As espécies de um ecossistema têm inúmeros modos de se comunicar entre si, passando informações sobre a sua presença e estados de ser.

Economia eqüitativa (veja Sahtouris, 1997): O hólon sabe quais produtos são necessários e a que partes eles devem ser distribuídos. A produção e distribuição dos produtos (como ATP, sangue ou hormônios vegetais) nos indivíduos é compartilhada eqüitativamente e nunca é acumulada ou concentrada quando existe necessidade em qualquer lugar da entidade. Essas economias também podem ser vistas em ecossistemas onde várias espécies fornecem alimento, produtos e serviços uns para os outros — as árvores abrigam pássaros e insetos, as abelhas polinizam as flores, os mamíferos envolvem as sementes em fertilizante e os distribuem, os fungos e plantas trocam materiais, os saprótrofos, sejam micróbios ou abutres, reciclam, os pássaros advertem sobre predadores, etc. Um hólon saudável produz apenas resultados finais de qualidade: toda a matéria, energia e informações que eliminam é útil a outros hólons. Nenhuma espécie além da humana produz dejetos que não possam ser usados como alimento por outras espécies. Todos os ecossistemas reciclam praticamente todos os seus materiais, ao passo que esse é um conceito novo para os seres humanos.

Política de coerência mútua: As partes de um hólon saudável contribuem para o bem-estar umas das outras, num equilíbrio de interesses — um equilíbrio de conservantismo e de mudança. Toda célula cuida de si mesma, como também do seu tecido, órgão e entidade. Ela não escolhe entre "direita" e "esquerda", entre conservar o que funciona e mudar o que não funciona: ela simplesmente faz as duas coisas desde que sejam adequadas para assegurar a sua própria saúde. Os sistemas nervosos evoluíram como governos baseados na prestação de serviços para o todo: coletando e distribuindo eqüitativamente as informações, assegurando o funcionamento saudável pela ajuda coordenada às partes em necessidade ou à cura do todo. A contravenção e as punições são desconhecidas, a igualdade de direitos e as responsabilidades prevalecem.

Aprendizado: As holarquias estão sempre ocupadas, usando informações sobre experiências passadas para modificar o funcionamento e a estrutura. Genes são armazenados para o caso de necessidades futuras, como livros em bibliotecas ou bancos de informações de computador. Os *memes* são versões sociais dos genes, isto é, idéias compartilhadas por determinadas gerações e passadas adiante para gerações futuras. O aprendizado ensina ao hólon o que funciona bem e deve ser mantido e o que não funciona bem e, portanto, requer mudança. Os micróbios, as plantas e os animais aprendem a alterar e distribuir material genético em resposta a ataques humanos ou implantes de genes.

CARACTERÍSTICAS ESPECIAIS DOS SISTEMAS HUMANOS:

Separação perceptiva das outras espécies: Na evolução histórica da cultura industrial ocidental, enraizada nas antigas Grécia, Roma e Oriente Médio e agora disseminada por todas as partes do mundo, houve uma preocupação crescente com o materialismo e com as comunicações verbais e tecnológicas lineares. Os seres humanos ocidentais optaram conscientemente por uma individualização — separação percebida uns dos outros e das outras espécies — com uma erosão gradativa dos sentimentos interiores e das comunicações inter e intra-espécies. A perspectiva científica invalida a experiência "interior" — sonhos, visão mística, telepatia, telempatia, precognição, sensibilidade a distância, etc. Esse processo histórico nos afastou de muitas interações naturais com as outras espécies e com as holarquias ecossistêmica, planetária e cósmica, nas quais estamos incluídos. A não ser pelo fato de terem sido trazidos para o sistema ocidental, os povos indígenas e tradicionais não passaram por esse processo, mantendo o conhecimento "interior" natural e as comunicações entre as espécies — tudo isso ignorado pela ciência ocidental por ser considerado "primitivo".

Ética e Lei: Os indivíduos das espécies de peixes, pássaros e mamíferos parecem se comportar de acordo com um conhecimento ou com "regras" inatas de interação não-letal com integrantes da mesma espécie, o que assegura a divisão territorial. Os seres humanos aparentemente perderam essa evoluída regulamentação da divisão territorial agressiva (propriedade). Portanto, eles têm de criar conscientemente diretrizes legais e éticas para o comportamento e para a reação à transgressão dessas diretrizes. No presente momento, esse processo de estabelecimento de regras estendeu-se a questões globais de divisão de recursos, comércio, comunicações, etc.

Espiritualidade: Outra característica dos sistemas humanos é a espiritualidade. A maior parte da humanidade reconhece conceitos espirituais de Criação, Natureza, Poder ou Inteligência Superior e Consciência Cósmica, além de render tributos a esses conceitos e se orientar por eles. Crenças e práticas espirituais inspiram temor e reverência, formando muitas vezes a base para a ética. Uma vez que a espiritualidade não é reconhecida pela ciência como uma característica natural e promotora da vida da humanidade, ela é em grande parte concretizada em formas religiosas que necessariamente não fomentam a saúde e a harmonia humanas.

HARMAN:

Essa é realmente uma lista verdadeiramente boa das características mais comuns. No momento não consigo pensar em nada que pareça ter sido omitido.

CAPÍTULO

CINCO

A Inteligência e a Consciência

Cedo ou tarde, você pode se convencer de que uma certa verdade [ou seja, de que a consciência] é o lado interior do todo, assim como a consciência humana está dentro do ser humano. [...] Embora faça sentido indagar como e quando a consciência evoluiu para o que hoje percebemos como tal, não faz sentido nenhum indagar como e quando a mente surgiu a partir da matéria. [...] Depois de ter percebido que só existe um mundo na verdade, mas com um lado interior e um lado exterior, um mundo apenas, percebido pelos nossos sentidos por fora e pela nossa consciência por dentro, não faz mais sentido fantasiar uma evolução imemorial de pista única, do mundo exterior apenas. Não é mais possível separar a evolução da evolução da consciência.

— Owen Barfield (1982)

Não só os animais são conscientes, mas todos os seres orgânicos, todas as células autopoiésicas são conscientes. No sentido mais simples, a consciência é uma consciência do mundo exterior. [...] Para viver, todo ser orgânico tem de sentir o que o cerca e reagir a isso. [...] A vida é mais impressionante e menos previsível do que qualquer coisa cuja natureza possa ser esclarecida por forças que atuam deterministicamente.

— Lynn Margulis e Dorion Sagan (1995)

HARMAN:

As discussões atuais sobre a epistemologia necessária para atender ao estudo científico da consciência parecem-me ser apenas o começo de uma discussão inteiramente nova. É como no caso da Roupa Nova do Imperador: depois que essa questão foi apontada, todo mundo pôde ver que a decisão de descartar a consciência como um fator causal distorceu a imagem científica da realidade, a ponto de não sabermos de fato nem mesmo "o que sabemos com certeza". Admitindo que uma epistemologia ampliada mude as regras do jogo, o que menos fica claro é que efeito isso terá sobre as ciências biológicas.

Os pressupostos epistemológico e ontológico que despontam dessas novas considerações são revolucionários nas suas conseqüências. Se realmente a comunidade científica tentar construir uma verdadeira ciência da consciência que use uma epistemologia apropriada, deve-se prestar muita atenção aos estudos ocultistas conduzidos ao longo de milhares de anos dentro das tradições espiritualistas do mundo todo. A destilação desses estudos às vezes foi denominada "sabedoria perene". Nessa ontologia, a consciência precede a forma e a criação é contínua.

O biólogo George Wald, ganhador de um Nobel, talvez tivesse algo parecido em mente quando propôs (1987) que os maiores enigmas do quadro evolutivo, no entendimento dele, só poderiam ser satisfatoriamente solucionados quando se considerasse que a mente criativa não é uma característica manifesta que só aparece nos últimos estágios do processo evolutivo; a mente criativa parece ter estado presente o tempo todo, mesmo antes das primeiras formas de vida. Se dermos continuidade a esse tipo de suposição lógica e ontológica, a história da evolução terá um significado muito diferente da versão aceita. Não se trata de afirmar que essa concepção alternativa seja "certa"; apenas que alguns dos enigmas filosóficos e biológicos aparecem nela com uma forma diferente e talvez mais tratável.

SAHTOURIS:

Vamos tentar chegar a um acordo sobre a questão mais ampla da inteligência e da consciência. Já mostramos que, se conceituarmos e concebermos o universo inteiro como uma holarquia contendo hólons menores em co-criação ininterrupta, a sua evolução inteligente e consciente faz muito mais sentido que dentro do antigo modelo mecânico de um universo não-vivo, do qual não se deu nenhuma explicação para o seu processo incrivelmente inteligente desde o abandono do *deus ex machina*, o Deus inventor por fora do grande mecanismo, o Grande Arquiteto do universo dualístico cartesiano.

Nós indicamos que não consideramos a consciência como uma propriedade manifesta da evolução — que não vemos como a consciência poderia aparecer da não-consciência, assim como a inteligência não poderia nascer da não-inteligência ou, quanto a esse assunto, a vida da não-vida. Eu mostrei que a consciência e a inteligência, na sua expressão mais simples, são, do ponto de vista lógico, inerentes aos hólons autopoiésicos desde o princípio. Demos repetidos exemplos da inteligência biológica, como a mudança genética como uma resposta efetiva para um ímpeto ambiental específico e a estratégia dos procariotes ao construir a si mesmos nas comunidades cooperativas que conhecemos como eucariotes. Mas esses são, afinal de contas, ainda enfoques reducionistas do problema e equivalem a não mais que descrições dos processos inteligentes nesses níveis. A pergunta é como explicá-los.

Uma vez que concordamos em que temos de considerar os hólons em holarquias como surgidos das interações de mão dupla do microscópico e do macroscópico, os menores e os maiores "aspectos" do universo, vamos observar a inteligência e a consciência agora nos níveis macroscópicos máximos.

Quando digo níveis macroscópicos, estou me referindo não só à maior extensão no espaço, mas também ao que quer que esteja além de toda a extensão espacial, além do mundo físico, material. Deixe-me usar "mente" como uma abreviação para inteligência e consciência. Todos passamos pela experiência da mente no pensamento, nos sonhos e nos sentimentos; todos estamos conscientes de que, por mais reais que essas experiências sejam, elas não estão localizadas no espaço e assim não se prestam facilmente à medição. Alguns dizem que elas se passam em outras dimensões; concordamos em que a experiência não-física possa ser descrita melhor em níveis. Assim, as três dimensões do espaço físico compreendem um nível; todas as outras realidades, sejam elas dimensionais (físicas) ou não, estão em outros níveis empíricos da existência.

O mais próximo que podemos chegar das suas medidas científicas é por meio do rastreamento dos seus sinais de freqüência fisiológicos, registrados eletronicamente, como no caso da medição dos sonhos e do pensamento, pelo aparelho de eletroencefalograma (EEG). Isso é mais ou menos como estudar as partículas analisando os rastros que elas deixam nas câmaras de combustão. Essa não é a realidade, mas pelo menos uma indicação da sua existência, ou dicas sobre a sua natureza. Essas medições não nos dizem nada sobre o conteúdo dos sonhos — apenas que o sonho "realmente" acontece.

Valerie Hunt (1995) apresenta um grande corpo de dados sobre as recém-identificadas freqüências de onda registradas na superfície do corpo pela telemetria por rádio, desenvolvida para o programa espacial. Eletrocardiogramas, eletroencefalogramas e eletromiogramas, todos registraram freqüências entre 0 e 250 hertz. Então parece haver uma lacuna de 250 até cerca de 500 hertz, e toda uma nova gama de freqüências de 500 a 20 mil hertz, que se correlacionam significativamente com eventos mentais e emocionais subjetivos. Hunt também convidou pessoas que alegavam ver auras e encontrou boas correlações entre os relatos e as alterações medidas nos padrões dessas freqüências. O que tudo isso indica é que somos mais do que o nosso corpo físico; que temos realmente aspectos não-materiais ou "sutis", conhecidos desde tempos imemoriais em outras culturas e que estão cada vez mais chamando a atenção dentro da nossa própria cultura. A própria Hunt chama esses aspectos de "campos mentais", e o trabalho dela os está disponibilizando para estudos biológicos e fisiológicos limitados mas convenientes. Desse modo, a melhora do nosso equipamento de medição aproxima-nos um pouco mais desses outros níveis, da mesma maneira que nos casos anteriores, relativos ao olfato, ao paladar e ao eletromagnetismo. Espera-se que essas evidências sobre a "realidade" dos fenômenos subjetivos os tornem mais verossímeis nos próprios termos pelos quais entramos em contato com eles. É interessante notar que os "campos mentais" de Hunt não têm limites, mas supostamente uma extensão comparável à do universo inteiro, o que torna possível todos os tipos de efeito a qualquer distância.

Outros níveis da existência foram investigados por físicos teóricos durante algum tempo, como os conceitos de dimensões superiores ou de universos paralelos. Michio Kaku (1994), por exemplo, comenta sobre o preconceito profundamente arraigado de que o nosso mundo consiste apenas de três dimensões espaciais e que a do tempo está "a ponto de sucumbir ao progresso da ciência". De modo eloqüente e minucioso, ele explica que é impossível unificar corretamente as leis da natureza, quando expressas matematicamente de acordo com a suposição de um universo quadridimensional, ao passo que a correção com que elas podem ser expressas e unificadas sob a suposição de dez dimensões é uma evidência extremamente forte da existência dessas outras dimensões. No entanto, ele chega a dizer que a evidência matemática dessas outras dimensões é embaraçosa, uma vez que elas parecem estar tão "firmemente entrelaçadas" que, na realidade, seriam impenetráveis ou inacessíveis. Os físicos sugerem de fato, ele diz, que podemos ter de "dinamitá-las" para penetrá-las, muito embora isso fosse exigir mais energia nuclear do que somos capazes de gerar na Terra no momento.

Essa é uma maneira muito peculiar, senão também perigosa, de ver as coisas — o tipo de coisa que aparece quando um físico matemático define o nosso mundo, descontando ou ignorando os dados fenomenológicos. A meu ver, Kaku está informando por intermédio da matemática uma descoberta que os físicos ocidentais fizeram, mas que outras culturas sempre conheceram por experiência direta, em outros níveis ou planos da existência. O que interessa ao nosso desenvolvimento de uma nova biologia é que esses níveis tornem-se dignos de crédito do ponto de vista científico. Talvez esses resultados do mundo da física ajudem na discussão dos dados experimentais de muitas culturas ao longo de milênios e que já atraíram o interesse de físicos como David Bohm, David Peat, Fritjof Capra e Fred Allen Wolf. Os dados culturais tradicionais parecem todos concordar em que, em níveis não-materiais, a consciência é sentida como causa primária, manifeste-se ela materialmente ou não, e isso torna todos esses níveis acessíveis por meio de versões pessoais da consciência ou "campos mentais".

O treinamento, em outras culturas, para atuar de modo competente nesses níveis não-materiais da existência é muitas vezes tão longo e técnico quanto a formação educacional superior da cultura ocidental para atuar com competência de maneiras específicas dentro das dimensões materiais. O exército norte-americano e a CIA descobriram isso, conforme revelado recentemente nos seus programas de treinamento de espionagem por "visão remota científica" (McMoneagle, 1993; Brown, 1996; Puthoff, 1996) — um procedimento técnico para fazer o que as culturas indígenas e tradicionais há muito tempo fazem à sua maneira.

A realidade plurinivelar, por mais nova que seja na ciência ocidental, era uma visão de mundo comum nas culturas antigas sofisticadas da China taoísta, da Índia védica, da Grécia, da África ocidental e nas culturas maia e inca das Américas. Ela também prevalece entre as culturas tribais indígenas da Austrália, da Indonésia e das Américas — em resumo, em muitas culturas de todos os continentes ao longo da história. Ainda assim, o fato de rotularmos todas as culturas tradicionais como "pré-científicas", o que conforme argumentarei é indefensável, manteve-nos alheios aos vastos conjuntos de informação descartados como superstição ou experiência religiosa (quer dizer, "imaginária"). Até mesmo Gary Zukav, que respeita o conhecimento indígena, diz-nos que só agora estamos desenvolvendo a capacidade para sentir outros níveis da realidade:

> "Desde a origem da nossa espécie, evoluímos por meio do estudo da realidade concreta. [...] Até agora, a nossa espécie esteve limitada à sua percepção pelos cinco sentidos [...], mas a espécie humana está agora superando essas limitações [...] num novo salto evolutivo [...] o surgimento do ser humano multissensível. [...] A idéia singularmente nova do ser humano multissensível é esta: O ESPÍRITO É REAL. O reconhecimento, a aceitação e a investigação da natureza da existência e da inteligência como fenômenos tanto reais quanto não-materiais são o fundamento da ciência que está agora querendo nascer."
>
> — Zukav (1991)

Essa idéia surgiu há muito tempo e foi a visão de mundo comum da maioria das culturas históricas, não pela sua ignorância, mas por terem idéias válidas que apenas nós negamos, excluímos da experiência e assim a perdemos. A nossa tarefa é a de reaprendê-las e integrar os seus dados ao nosso conhecimento ocidental, revisando a nossa epistemologia de acordo com isso.

Parece-me muito mais correto considerar a consciência como a "energia" básica do universo, por falta de uma metáfora melhor — energia que se transforma do seu estado "puro" ou não-físico em matéria, por intermédio da fase intermediária a que chamamos de energia eletromagnética. A consciência nunca se perde nessas transformações, como sabemos que a energia não se perde ao se converter em matéria. Ela simplesmente passa de um estado para outro, sendo a matéria como um tipo de estágio final, embora ainda reversível. Todas as tradições esotéricas antigas nos falam do erro que cometemos ao pensar que a matéria é tudo o que existe. Agora sabemos que existe a energia eletromagnética; reconhecer a sua origem ou fonte como sendo a consciência é o próximo passo. Então tudo neste magnífico universo que cria a si mesmo manifesta-se como uma dança inteligente improvisada — uma experiência cósmica de fazer tudo o que é possível dentro das limitações do estado material. Eu acredito que esse mar básico de "energia" consciencial é o que, na história da ciência, tem sido diversamente chamado de espaço repleto de matéria, o éter, a ordem comprometida e, mais recentemente, o campo energético do ponto zero, embora eu não ache que precisemos da física para validar o não-físico. Nas religiões, ele é chamado de espírito, Brahman, ou pelos diferentes nomes de Deus. Personificá-lo é uma escolha humana que não valida nem invalida o que simplesmente é.

A dança dinâmica da natureza é sempre consciente em todos os níveis, da partícula mais minúscula até qualquer uma das suas maiores configurações, ou hólon. Esse é o meu pressuposto básico sobre o universo vivo, não mais estranho que qualquer dos pressupostos da física. Ele é compartilhado por todas as culturas indígenas com as quais entrei em contato, como também por todas as tradições esotéricas. Na verdade, os povos indígenas praticam efetivamente a comunicação consciente com todos os outros seres e aspectos da natureza, enquanto a nossa sociedade industrial se isolou desse universo participativo. Acho que é por isso que muitos cientistas sentem-se agora atraídos para essas culturas. A nossa tarefa aqui é traduzir essa visão de mundo de um universo consciente e inteligente numa biologia reconhecidamente holística.

HARMAN:

Eu acho que você tem toda a razão quanto à tendência de usar a física moderna para validar o não-físico. Eu sou muito cauteloso com relação aos argumentos fáceis, baseados na física teórica moderna, que pretendem tornar plausível a existência de outros planos da existência. A física não se baseia na posição ontológica que supõe um universo holárquico; não há nenhuma razão para supor que a sua extensão compreenda a melhor maneira de estudar o não-físico. Mas deixe-me fazer mais uns comentários sobre isso daqui um instante.

Parte do que você diz faz lembrar o conceito de "Mente Formadora" de John Davidson (1992). Ele fala de três níveis de mente: a mente "consciente", a mente subconsciente e a mente "formadora". Na nossa vida normal, não é possível sabermos como ou por que as coisas acontecem da maneira como o fazem. Às vezes, a coincidência de eventos é tal que sabemos intuitivamente que deve haver uma ligação oculta. Podemos chamar isso de sincronicidade, serendipismo, sorte. Mas o que parece acaso à mente consciente é compreendido de maneira bastante diferente se nos dermos conta das ligações no subconsciente — ou a mente formadora.

Na vida comum, todos parecemos ter uma mente individual, separada. Mas, em níveis mais profundos ou formadores, as mentes de todos nós estão inelutavelmente unidas. No nível do "Eu superior", sabemos que somos "partes" de um grande todo. Nesse nível, nos entendemos como co-criadores ou acionistas do nosso sonho mental neste mundo físico.

O mais interessante ainda é que esse conceito de que, num nível além da consciência comum, sabemos que somos co-criadores do mundo ao nosso redor está sendo reconsiderado dentro da teologia ocidental, que certamente não o olhava com bons olhos em épocas anteriores. Numa síntese excepcional da ciência e da teologia cristã, Philip Hefner (1993) escreve sobre o ser humano como o "co-criador criado por Deus".

Um corolário tácito da tese darwiniana de que a forma humana evoluiu de formas animais é que a consciência humana surgiu biologicamente da consciência animal. Owen Barfield (1982) chega a um ponto de vista diferente, expresso na epígrafe do começo deste capítulo.

Essa conclusão parece semelhante à de Wald, de que "a consciência esteve presente o tempo todo". Do mesmo modo, os conceitos de Rupert Sheldrake de causalidade formadora e de "campos mórficos", que a maioria dos cientistas biológicos consideram absurdos, parecem muito mais plausíveis nesse contexto. Robert Wesson (1990) apresenta um "terceiro enfoque" da evolução além do criacionismo e do neodarwinismo. "O não-materialismo não-teísta [...] situa-se a meio caminho entre [...] a crença de que o mundo é o trabalho de uma grande personalidade que o observa de cima e talvez intervenha em algumas ocasiões para acertar as coisas; e a teoria de que as partículas de matéria são a totalidade da existência." Ele postula um *metacosmo*, uma base da existência, que é subjacente ao mundo material e o torna possível. "O mundo material não é a totalidade da existência, mas uma derivação de algo primordial."

Sheldrake, no capítulo final do seu controverso *A New Science of Life* (1981), postula que o universo físico é criado, em última análise, por uma consciência transcendente. Essa consciência transcendente não está se desenvolvendo para uma meta; ela é a sua própria meta. Ela não está se esforçando para chegar a uma forma final, ela é completa em si mesma. Uma vez que essa consciência transcendente é a fonte do universo e de tudo dentro dele, todas as coisas criadas em algum sentido participam da sua natureza. A integridade mais ou menos limitada dos organismos em todos os níveis de complexidade pode ser considerada como um reflexo da unidade transcendente da qual eles dependem e da qual eles são derivados no final das contas.

Se nos permitirmos pensar de acordo com essas idéias, haverá muitas implicações biológicas. Em primeiro lugar, pensaremos novamente na holarquia de moléculas a organelas → células → tecidos → órgãos → organismos → sociedades (humana e não-humana) — para a raça humana ou toda a biota. O organismo tem consciência em algum sentido — pelo menos sabemos o que fazemos. O "inconsciente coletivo" de C. G. Jung é uma afirmação de que as sociedades e a raça humana inteira em certo sentido compartilham um aspecto da consciência. Ao mesmo tempo, uma vez que tudo está contido na unidade transcendente, não podemos descartar que um órgão possa ter consciência em algum sentido, ou até mesmo uma célula. Na verdade, quando consideramos o funcionamento do sistema imunológico do corpo, é difícil resistir à tentação de considerar o reconhecimento de patógenos invasores pelos linfócitos como uma representação de algum tipo de consciência. O que Bergson chama de *élan vital* parece corresponder à consciência no nível da vida como um todo. Quando alguns falam de Gaia como tendo consciência, isso está no nível da Terra como um todo.

Considerando uma hierarquia como essa de atividades conscientes, aqueles que se situam nos níveis superiores expressam a sua criatividade por meio dos que se encontram nos níveis inferiores. Pode-se imaginar que, se uma atividade criativa de alto nível atuasse por meio da consciência humana, os pensamentos e ações aos quais ela deu origem poderiam ser percebidos como vindos de uma fonte externa. Isso realmente é relatado muitas vezes nos fenômenos da *inspiração*. Além disso, se esses "eus superiores" são imanentes na natureza, é concebível que, sob certas condições, os seres humanos possam ficar diretamente conscientes de que estão envolvidos por eles ou incluídos neles — e isso também é relatado com freqüência. Sem dúvida, pode-se imaginar que, numa ocasião, eles também poderiam ser sentidos como separados do ser humano isolado (mais ou menos como na própria mente da pessoa, uma porção pode ser sentida como separada — como a consciência da pessoa, por exemplo, ou como um aspecto demoníaco). Novamente, isso tem sido relatado como encontros com *devas* ou espíritos da natureza.

Se a matéria física é inseparável da unidade individual, como é a consciência, então não há nenhum problema quanto à dualidade "mente/corpo". Quer dizer, não há nenhum problema conceitual com o fato de o aspecto consciente do organismo humano interagir com o aspecto material. Nem há nenhum problema com a surpreendente capacidade instintiva dos organismos "inferiores" — e, realmente, com a notável capacidade de "solução criativa de problemas" dos procariotes — desde que essa capacidade possa ser considerada como uma manifestação de uma mente superior no, digamos, nível das espécies.

O surgimento da vida na Terra não é um evento descontínuo como parece ser na concepção convencional, porque de certo modo não há nada que não esteja vivo. Assim como o surgimento da vida na Terra pode ser considerado uma manifestação da mente criativa, igualmente também a experimentação criativa da explosão cambriana. Ela parece mais compreensível caso se possa imaginar, com George Wald, que "a consciência esteve presente desde o princípio".

Teilhard de Chardin postulou algo semelhante em *The Phenomenon of Man* (1959, pp. 149-152):

> Hoje percebemos um modo novo de explicar, além e acima da tendência predominante da evolução biológica, o progresso e a disposição particular dos seus vários filos. Uma coisa é observar que,

numa determinada linha do reino animal, os seus integrantes tornam-se solípedes ou presas carnívoras, e outra totalmente diferente, é adivinhar como essa tendência surgiu. Está muito certo dizer que uma mutação acontece no ponto onde o talo solta o verticilo. Mas e depois? As modificações posteriores do filo são como uma regra muito gradativa, e tão estáveis são às vezes os órgãos afetados, até mesmo desde o embrião, que definitivamente somos forçados a abandonar a idéia de explicar cada caso simplesmente como a sobrevivência do mais adaptado, ou como uma adaptação mecânica ao ambiente. [...] Quanto mais me deparo com esse problema, e por mais tempo que me concentre nele, mais me impressiona o fato de que, na verdade, somos confrontados não com um efeito de forças externas, mas da psicologia. De acordo com o pensamento atual, um animal desenvolve os seus instintos carnívoros *porque* os seus molares tornam-se cortantes e as suas garras afiadas. Não deveríamos inverter a proposição? Em outras palavras, se o tigre prolonga os seus caninos e afia as suas garras não será porque, seguindo a sua linhagem, recebe, desenvolve e passa adiante a "alma de um carnívoro"? [...] Para escrever a verdadeira história natural do mundo, deveríamos precisar ser capazes de acompanhá-la pelo lado *de dentro*. Assim ela não se pareceria mais com uma corrente de tipos estruturais que substituem um ao outro, mas com uma ascensão de seiva interna em propagação numa floresta de instintos consolidados. Desde a sua base, o mundo vivo é constituído pela consciência vestida de carne e osso. Da biosfera às espécies, não há nada mais que uma imensa ramificação de psiquismo buscando a si mesmo por meio de formas diferentes.

Assim como foi um longo caminho de Copérnico e Galileu aos conhecimentos das ciências da vida atuais, assim também há muito a percorrer antes de podermos dizer que entendemos a biologia sob uma nova forma dentro de uma nova cosmologia. O convite proposto pela hipotética "revolução holística" nas ciências biológicas é o de nos libertar do que nos impede de considerar todos os mistérios da natureza sem, talvez inconscientemente, separar os que são conceitualmente aceitáveis dos que ultrapassam os limites do compreensível como convencionalmente entendido.

SAHTOURIS:

Você tem razão, é claro, ao assinalar que alguns dos nossos principais cientistas ocidentais têm falado sobre a inteligência universal, ou mente, do mundo material há algum tempo, apesar da concepção "oficial" de que essas noções são heréticas. No prefácio que fez para a obra *The Fitness of the Environment*, de L. J. Henderson, Wald escreveu: "Um físico é a maneira atômica de conhecer os átomos." Ao citar essa passagem no artigo "The Cosmology of Life and Mind" (1987), ele continua, argumentando que "A matéria-prima deste universo é, no final das contas, a matéria-prima da mente. O que reconhecemos como o universo material, o universo de espaço e tempo e partículas elementares e energias, é portanto um avatar, a materialização da mente primitiva. Nesse sentido, não há por que esperar o surgimento da consciência. Ela está sempre presente".

Wald assinala que *sir* Arthur Eddington afirmou, já em 1928, que "a matéria-prima do mundo é a matéria-prima da mente"; que Wolfgang Pauli sugeriu em 1952 que "físico e psique (quer dizer, matéria e mente) podem ser considerados como aspectos complementares da mesma realidade"; e que von Weizacker em 1971 acrescentou que "consciência e matéria são aspectos diferentes da mesma realidade". Eu sei que você não acha que a física tenha muitas idéias profundas para oferecer à biologia; no entanto, pode-se considerar que esses cientistas ocidentais altamente respeitados estejam oferecendo aos biólogos um papel primordial na ciência, ao reconhecer um universo inteligente, portanto vivo. Eu acho que é assim que Wald vê o universo e é por isso que ele os cita. Infelizmente, poucos biólogos puderam aproveitar essa oportunidade maravilhosa, embora Erich Jantsch tenha definido a mente como a dinâmica auto-organizadora de um sistema e Gregory Bateson tenha dito que a epistemologia em si é a metaciência integrada da mente, que tem evolução, pensamento, adaptação, embriologia e genética como o seu campo de interesse.

Deixe-me voltar a me referir àquela noção bergsoniana sobre entrar em contato com a realidade de duas maneiras, pelos sentidos físicos e pela intuição profunda, que é semelhante à percepção de Barfield do mundo exterior pelos nossos sentidos e o mundo interior pela consciência. Eu mesma tenho escrito sobre os "meios de saber" interiores e exteriores: um privilegiado no Oriente, outro valorizado no Ocidente, enquanto as culturas indígenas em geral parecem usar ambos com facilidade igual. A minha familiaridade crescente com as culturas andinas — porque os incas foram um povo altamente científico — agora faz-me ver essas mesmas distinções que usei como desnecessariamente dualísticas. Nos Andes, o que Barfield chama de mundo interior e mundo exterior não é muito diferente do que acima e abaixo, ou à direita e à esquerda. Ambos são igualmente reais e ambos são captados pelos sentidos e pela consciência, não só por um ou por outro. As crianças aprendem a tocar as pedras e a falar com elas, não lhes ensinam que qualquer coisa nas suas experiências, de dia ou de noite, seja irreal ou imaginária, embora elas aprendam a não mentir, não distorcer as suas experiências para enganar os outros. Quer dizer, verdade e mentira são categorias da experiência; a realidade e a não-realidade não são.

Não ouvimos ou vemos no que chamamos de mundo "interior" do mesmo modo que no mundo "exterior"? Não estamos conscientes em ambos? Acaso um é mais real que o outro? Existe realmente uma diferença significativa entre eles, tirando o fato de que, na nossa cultura, estamos mais à vontade na versão "mais densa" da realidade e assim ignoramos o restante como algo "imaginário" ou "irreal"? Aprendemos a chamá-los de interior e exterior, mas essas são categorias determinadas socialmente.

Considere a experiência compartilhada por incontáveis pessoas ao longo da história num "estado fora do corpo". Na minha própria experiência com esse estado, que na nossa cultura requer treinamento, percebo-me situada dentro do que chamamos de "mundo interior", ainda que ele seja fisicamente tão "sólido" quanto o mundo "exterior". Quando eu percebo o mundo exterior do ponto de vista desse mundo interior, o mundo exterior me parece tão imaterial quanto ele; posso atravessar suas paredes, embora eu não possa atravessar as paredes do mundo interior. Por isso, hesito chamar o não-físico de realidade interior. Até mesmo a materialidade é relativa ao ponto de vista da pessoa. Se percebemos a mente como ilimitada, é inútil discutir que essas experiências estão "apenas na mente". Em todo caso, acho que queremos nos esforçar para eliminar as dualidades que tornam um aspecto da experiência mais válido que outro, ou uma realidade mais real ou mais física que outra. Isso faz lembrar a concepção védica de que o que acreditamos ser realidade pode ser o sonho, embora isso, é claro, seja o dualismo invertido.

Assim como os pontos de vista de Wald e Sheldrake, e acredito que o seu, a minha própria corrente e perspectiva ainda em evolução mostram a consciência como um fator primordial. Pensando o mais não-dualisticamente que posso, os mundos físicos ocorrem pela manifestação autopoiésica ininterrupta da consciência em padrões diferentes. A consciência, assim sendo, evolui por meio das suas próprias autocriações infinitas e é indistinguível delas. O Espírito é a Natureza e a Natureza é o Espírito, se você prefere esses termos, entretanto os conceitos, não os rótulos, são importantes no caso. Agora, essas manifestações da consciência como sistemas vivos podem ou não ser físicas ou materiais da nossa perspectiva humana. Elas simplesmente são, para usar a minha metáfora favorita uma vez mais, a grande dança improvisada da natureza em todos os seus níveis de freqüência. E observando a dança, como se observa o átomo, acabaremos não encontrando nenhum dançarino concreto, apenas a própria dança em atividade. Essa é a magia da realidade com que agora estamos nos deparando, e o motivo pelo qual precisamos de novas metáforas.

Simplesmente temos de reconhecer que a ciência moderna — a ciência ocidental — definia a realidade de uma maneira muito limitada, resumindo-a a um mundo físico particular captado por alguns poucos sentidos físicos (biológicos) e ignorando todos os outros aspectos da experiência, mesmo daquela experiência limitada no sentido de que o nosso corpo só poderia funcionar nos níveis de freqüência aceitos pela ciência como reais. Esses limites foram estabelecidos para fazer com que as coisas pareçam tão compreensíveis quanto os mecanismos que inventamos na época em que a ciência foi criada — daí a insistência de Descartes em dizer que o rouxinol de Deus era exatamente como o de corda, só que um pouco mais complexo.

Esse era um modo de nos convencermos de que poderíamos entender e controlar toda essa "natureza" misteriosa, insondável, feminina, ameaçadora e voluntariosamente indomável. Brian Easlea (1983) assinalou que Francis Bacon, como pai do método científico e freqüentador assíduo de experiências com bruxaria, repreendia os colegas cientistas como colegiais esperando que a natureza se desvelasse ao seu pedido, instando-os, em vez disso, como homens crescidos, a persegui-la, encurralá-la e torturá-la para que lhes revelasse os seus segredos. Simplesmente não podemos esperar varrer essas origens da ciência para debaixo do tapete; há coisas demais em jogo. Essa ciência varonil logo foi posta a serviço de uma elite tecnológica e industrial em desenvolvimento, que alegava poder resolver todos os problemas humanos, e é nesse ponto que está até hoje a ciência, agora um pouco desesperada em sua busca de soluções tecnológicas para os problemas cada vez maiores causados pela tecnologia. Precisamos repensar o empreendimento da ciência ocidental como um todo, de uma perspectiva histórica mais global, reconsiderar os seus pressupostos e a sua prática e reconhecer a necessidade de fazer mudanças profundas que possam pôr a ciência a serviço da humanidade.

HARMAN:

Sim, precisamos. Embora o que você proponha exija um pouco de humildade. Nós modernos relutamos em reconhecer a ciência ocidental como um artefato de cultura européia. Mas realmente não há nenhum motivo válido para supor que a ciência reducionista por si e em si mesma possa um dia proporcionar uma compreensão adequada do todo.

O que a "revolução holística" na biologia abrange, a meu ver, é a preservação dos ideais do espírito científico de mente aberta e a tradição de validação pública do conhecimento (repudiando todo sacerdócio científico), mas para abrir o campo de pesquisa a toda a holarquia e aos aspectos tanto não-físicos quanto os fisicamente mensuráveis. Se a ciência optará por fazer isso logo ou não é uma boa pergunta. No entanto, por causa da mudança cultural que parece estar acontecendo, e que dá uma importância cada vez maior ao transcendental, a pressão do público poderá forçar essa mudança, caso a ciência pretenda manter a sua posição atual como a *única* autoridade cognitiva largamente aceita no mundo moderno.

SAHTOURIS:

É de fato um problema que a cultura ocidental esteja profundamente convicta de sua superioridade com relação a todas as outras culturas e que a ciência ocidental tenha atribuído a si mesma o papel de *única* ciência, o único juiz que determina o que é real e constitui uma compreensão válida da realidade. Antes de eu mostrar que existem outras culturas que *têm* ciências válidas, por definição, deixe-me apresentar duas citações aqui para mostrar como a cultura ocidental e depois a sua ciência parecem da perspectiva de outra cultura.

Nicolas Aguilar Sayritupac, um índio aimará dos Andes, escreveu num prólogo para o livro de Carlos Milla Villena, *Genesis de la Cultura Andina* (1983) [texto originalmente no dialeto aimará]:

> Em Chucuito, a minha aldeia, às margens do lago sagrado, as noites de maio são belas e fascinantes. Como sempre acontecia, os nossos anciãos nos mostravam o Cruzeiro do Sul, com as suas duas estrelas-guia, como quatro sóis pequenos que orientam a nossa comunidade e o nosso pensamento através das noites escuras e das passagens em que a nossa felicidade e a nossa fé às vezes fraquejam. Eu agora estou velho e muito cansado para trilhar por estradas estranhas. Muitas vezes perdi a tranqüilidade e a esperança ao ver a minha comunidade e a minha cultura sendo esmagadas e destruídas. [...] No coração dos ocidentais, não há nenhum sentimento que possa solucionar os seus conflitos; o coração deles vai por uma direção e a mente por outra. Segue-se que os homens, as mulheres, as crianças e os idosos não trabalham em conjunto, coletivamente. [...] O ser humano do Ocidente deixou de lado sua humanidade e transformou-se num indivíduo: homem, mulher, criança, ancião, separados; a comunidade morreu neles, o *ayllu* — a unidade essencial de humanidade. A existência das pessoas e da sociedade ocidentais foi destruída pelo egoísmo. [...] Nós indígenas, ao contrário, guardamos bem as coisas na nossa

> cabeça, temos os nossos sentimentos em ordem e estamos determinados a fazer o que pudermos; é por isso que não deixamos tanto a nossa casa e a nossa família, por isso nos mantivemos longe das idéias equivocadas dos homens do lugar onde o Sol se esconde. [...] Eu voltei para ver em maio, e em todas as noites do ano, as quatro belas estrelas brilhantes e as duas estrelas-guia, como nas noites de muitos anos atrás, quando o meu pai, olhando com os bons olhos dele, me dizia: Olhe para o *Chacana*... então esteja certo de que, se o Ocidente quiser dizimar a nossa comunidade e a nossa cultura, ele terá de destruir primeiro o Cruzeiro de maio no céu. Os aimarás são um povo eterno.

Essa crítica à cultura ocidental, que considero adequada e pungente, é pertinente à minha discussão anterior sobre o que perdemos com a nossa individualidade extrema e com a nossa negação do processo inteligente da natureza e da ligação humana com ela em todos os níveis. Agora vamos observar a crítica à ciência ocidental na introdução do mesmo livro, na qual Salvador Palomino F. e Javier Lajo escrevem:

> A ciência andina existe? Sempre se considerou nos círculos que administram a cultura ocidental que as outras culturas ou não tiveram nenhum desenvolvimento científico ou que o conhecimento sistematizado tenha sido tão pobre que foi assimilado facilmente pela hegemônica cultura mundial. Assim acontece na América, em especial na região andina, que em tempos antigos baseava-se em Tawantinsuyo. Entre as causas principais dessa depreciação do não-ocidental, podemos identificar a ignorância de outras culturas, mas também existe, sem qualquer sombra de dúvida, um acúmulo de preconceitos que, em forma de princípios ou dogmas, os ocidentais usam para preservar a sua hegemonia — princípios que, quando aplicados ao estudo da realidade ocidental, explicam-na objetivamente; mas, quando aplicados a realidades não-ocidentais, degeneram em normas ou moldes cujas estruturas estreitas tentam inutilmente reprimir fenômenos objetivos ou o conhecimento que escapam à racionalidade e aos métodos do Ocidente. O que esses princípios não podem simplificar é negado, é silenciado, ou desqualificado como obscurantismo, esoterismo, charlatanice ou feitiçaria.

Eu li críticas igualmente adequadas à ciência ocidental da perspectiva de cientistas árabes e védicos, e acho que deveríamos levar em consideração esses pontos de vista para ampliar a nossa própria perspectiva do conhecimento humano, assim como desse conhecimento em si. O termo "ciência" é definido pelo *Merriam Webster's Collegiate Dictionary* (décima edição, 1993) como "*the state of knowing*" ou "*a department of systematized knowledge as an object of study*".[10] O *American Heritage Unabridged Dictionary of the English Language* (terceira edição, 1992) define ciência como "*the observation, identification, description, experimental investigation and theoretical explanation of phenomena*".[11] Um pouco mais preciso, no entanto uma boa explicação daquilo que as culturas não-ocidentais fizeram que é considerado digno de receber o rótulo de "ciência". Conforme definido no *Oxford English Dictionaty*, ciência é "*the state of knowing*" ou "*knowledge as opposed to belief or opinion*"[12] — conhecimento que é "adquirido pela estudo". O *OED* continua explicando que por ciência entende-se "num sentido mais restrito: um ramo do conhecimento que se preocupa seja com um conjunto relacionado de verdades demonstradas, seja com fatos observados sistematicamente classificados e mais ou menos coligados. Esse ramo está subordinado a leis gerais e inclue métodos confiáveis para a descoberta de novas verdades dentro do seu próprio domínio".

Detalhada como é essa definição, não há nada nela que exclua as ciências indígenas e outras não-ocidentais. É bastante irracional que os cientistas ocidentais não limitem aos seus métodos ocidentais não só a sua realidade ou visão de mundo, mas a própria ciência. Outras perspectivas e fenômenos minuciosamente pesquisados podem enriquecer grandemente o nosso próprio conhecimento científico e nos poupar, em muitos casos, de ter de reinventar a roda proverbial. Portanto, vamos continuar a discutir as outras culturas com o devido respeito pelas suas ciências e com mais imparcialidade ao julgar quais ciências dessas culturas estão mais aptas a explicar a grande variedade de experiências humanas.

Alguns dos cientistas que situam a inteligência consciente no coração da natureza fizeram essa descoberta ou por intermédio de suas próprias investigações subjetivas ou da filosofia eterna, ou pela exploração pessoal e intelectual. Outros, como eu, também a fizeram aproximando-se dos povos in-

10. Respectivamente, "conjunto de conhecimentos" e "um ramo do conhecimento sistematizado como objeto de estudo". (N. do T.)

11. "A observação, identificação, descrição, investigação experimental e explicação teórica dos fenômenos." (N. do T.)

12. Respectivamente, "conjunto de conhecimentos" ou "conhecimento em oposição a crença ou opinião". (N. do T.)

dígenas. O ecologista David Abram (1996, p. 10), por exemplo, estabeleceu contato com agentes de cura tradicionais da Indonésia e do Nepal, vivendo com eles durante algum tempo. Ele descreve os xamãs como pessoas que vivem à margem das comunidades, mantendo o equilíbrio entre a comunidade como um todo e o ecossistema circunvizinho, além de curar doenças. Abram define as habilidades desses xamãs como:

> [...] uma elevada receptividade a solicitações significativas — canções, gritos, gestos — de campo mais amplo e mais-que-humano [...] a experiência de existir num mundo composto de inteligências múltiplas, a intuição de que todas as formas percebidas — da andorinha no céu à mosca numa folha de grama — são formas em experimentação, uma entidade com as suas próprias predileções e sensações, embora essas sensações sejam muito diferentes das nossas. [...] Não é projetando a sua consciência para além do mundo natural que o xamã estabelece contato com os provedores da vida e da saúde, nem viajando na própria psique; antes, é impelindo a consciência lateralmente, para as profundezas de uma paisagem a um só tempo sensual e psicológica, o sonho vivo que compartilhamos com o falcão planando, a aranha e a pedra de cuja superfície áspera brotam liquens silenciosos.

O equívoco dualista ocidental com relação a essa comunhão com outros aspectos da natureza viva é desenvolvido mais adiante, conforme adverte-nos Abram, que ao testemunhar o xamã:

> [...] entrando em transe e projetando a consciência para outras dimensões à procura de revelações e ajuda [...] não deveríamos estar tão propensos a interpretar essas dimensões como "sobrenaturais", nem a considerá-las como domínios completamente "ocultos" à psique pessoal do praticante. Pois é provável que o "mundo oculto" da nossa experiência psicológica ocidental, como o céu sobrenatural da fé cristã, origine-se da perda da nossa reciprocidade ancestral com a terra animada. Quando os poderes animados que nos cercam são de repente considerados menos importantes que nós mesmos, quando a Terra geradora é abruptamente definida como um objeto limitado, destituído das suas próprias sensações e sentimentos, então o sentido de uma alteridade selvagem e múltipla (com relação à qual a sensibilidade humana sempre se orientou) tem de migrar, ou para um céu supersensorial além do mun-

do natural, ou então para o próprio cérebro humano — o único refúgio admissível, neste mundo, para o que é inefável e insondável.

Depois que voltou da Indonésia e do Nepal, onde tomou conhecimento dessa percepção mais ampla de todas as entidades vivas da natureza e do modo de se comunicar com elas, Abram descobriu que os esquilos "desciam rapidamente dos troncos das árvores e atravessavam os gramados para brincar comigo" e às vezes ele passava horas em comunhão com as garças pescando. Entretanto ele continua:

> Ainda assim, pouco a pouco, comecei a perder o meu sentido da consciência própria dos animais. [...] Agora continuo observando as garças de fora do mundo delas, acompanhando com interesse o seu caminhar cuidadoso e o modo como projetam de repente o bico na água, mas já não sinto mais a sua tensão e a sua vigilância equilibrada com os meus próprios músculos. [...] E, estranhamente, os esquilos suburbanos já não respondem mais aos meus assobios para chamá-los. Embora eu queira, já não consigo mais concentrar a minha consciência para me envolver com o mundo deles como fiz com tanta facilidade algumas semanas antes, porque a minha atenção é rapidamente desviada por deliberações verbais internas, de um tipo diferente — por um diálogo interno que agora pareço travar só comigo. Os esquilos não participam dessa conversa.

Ele lista as crenças da nossa cultura — que as outras espécies não são tão conscientes nem estão tão despertas quanto os seres humanos, que elas não têm nenhuma linguagem, que os comportamentos delas são codificados dentro das suas fisiologias — dizendo, "quanto mais eu falava sobre os outros animais, menos possível era falar com eles". A maior parte do livro de Abram é dedicada a entender como a nossa cultura ocidental ergueu barreiras entre nós e o resto da natureza, impedindo a comunhão com ela.

Eu mesma compartilhei a experiência dolorosa de Abram, de perder a comunhão com os outros seres da natureza a cada vez que regressava de um período passado com os povos indígenas no território deles. Não é só a dor de perder a comunhão, mas também a dor de ser incapaz de comunicar aos colegas ocidentais essas interações completamente naturais com plantas e animais, as quais parecem fantasiosas. Como é possível transmitir satisfatoriamente o conhecimento intuitivo de que a ciência indígena é tão válida quanto a nossa e na verdade muito mais sábia?

HARMAN:

Essa é uma explicação muito comovente da nossa situação. A minha própria experiência, embora um pouco diferente da sua, confere com ela.

Quero mencionar duas áreas da pesquisa científica (além da antropologia cultural) que apontam numa direção estimulante: as pesquisas sobre estados incomuns da consciência e as pesquisas relativas a "coincidências significativas" e fenômenos "paranormais". (Veja o Interlúdio seguinte a este capítulo.)

SAHTOURIS:

O paradigma do sistema vivo, holárquico, esclarece muito a nossa "situação". Todos os organismos, dos microrganismos ao ambiente como um todo e a própria Terra, estão todos evoluindo em conjunto, com a inteligência mudando em todos os níveis. Algumas das minhas idéias a esse respeito vieram, conforme eu disse anteriormente, de fora do paradigma científico ocidental, de vários cientistas indígenas. A experiência deles de se integrar com a natureza para estudá-la, em vez de isolar pedaços da natureza em laboratórios para controlá-los, é fundamental para entender a Terra-e-nós-mesmos como um sistema único e integral. A ciência ocidental tem ajudado a desenvolver tecnologias, mas no curso desse desenvolvimento estamos destruindo o contexto natural do qual a nossa sobrevivência depende. Desse modo, a ciência ocidental está nos levando ao fracasso como uma ciência para a sobrevivência. Foi essa necessidade de uma ciência mais saudável da sobrevivência que me levou a aprender mais sobre a ciência indígena, e espero que possamos traduzir a sua compreensão da consciência como um fator inerente a toda a natureza, assim como a sua compreensão e sabedoria ecológica numa ciência mais ampla para toda a humanidade.

HARMAN:

Sim, é muito interessante que o reconhecimento da necessidade de uma nova epistemologia para uma "ciência da consciência" nos faça enveredar pelos mesmos caminhos que o respeito pela experiência dos povos indígenas. É claro que, se realmente encararmos seriamente a metáfora da "unidade radical", e reconhecermos a intuição profunda como uma possível sondagem na natureza da realidade, o neodarwinismo assume uma nova forma. O conceito de "mente formadora" muda totalmente as coisas.

Um mito predominante da sociedade moderna, segundo uma interpretação da ciência ocidental, diz: a) que as características essenciais da natureza humana devem ser entendidas como a conseqüência de uma sucessão evolutiva de eventos fortuitos (da origem da vida a mutações posteriores) e seleções naturais, e conseqüentemente acidentais — sem finalidade nem significado; b) que a nossa essência pode, portanto, ser encontrada no DNA com que nascemos; e c) que a mente ou consciência surgiu perto do fim desse longo processo evolutivo e deve ser entendida em termos das suas origens fisiológicas. Esse mito influencia a nossa educação, a política de saúde, o sistema judiciário e outras instituições sociais. Se for descoberto que estamos redondamente enganados, as implicações serão de longo alcance.

A razão principal para suspeitar de que esse "mito central" pode estar errado é que, na exclusão científica da consciência como causal (por uma suposição ontológica feita nos primórdios da história da ciência), introduziu-se um preconceito fundamental que é mais básico que o preconceito "newtoniano" anterior ao advento da física moderna. Essa exclusão força os cientistas biológicos a buscar explicações mecanicistas, até mesmo em situações em que essas explicações parecem obviamente inadequadas. (Um exemplo típico é a insistência em que todas as informações e a força motriz que orientam a ontogenia desde o óvulo fertilizado até o organismo adulto devem residir em algum "programa" do DNA que não foi descoberto ainda.)

Teria sido impossível prever as características da sociedade moderna com a mudança das premissas metafísicas que conhecemos como a revolução científica. Da mesma maneira, não podemos esperar predizer as implicações na sociedade de uma mudança nas nossas histórias "oficiais" da evolução, da ontogenia, da morfogênese, da hereditariedade e assim por diante. Só podemos antecipar que elas serão profundas.

Por exemplo, considere o impacto de uma mudança na concepção da morte física. Se nós, seres humanos, de fato evoluímos basicamente por meio de processos mecanicistas originários de um universo material, e se vida é basicamente um conjunto de processos físicos e químicos muito complexos e regulados por mensagens codificadas no DNA, então quando esses processos param nós morremos, e esse é o nosso fim — como organismos físicos, certamente, mas em todos os outros sentidos também. Se a nossa consciência, os nossos conhecimentos e valores tão acalentados, a nossa individualidade, a nossa personalidade são simplesmente criações desses processos, então quando esses processos param não somos mais nada. Esse com certeza é um destino a ser temido, e de fato o medo da morte permeia a nossa sociedade, disfarçado numa infinidade de maneiras pelas quais buscamos "segurança", manifestando-se na forma de numerosos outros medos, levando-nos a buscar consolo num materialismo aquisitivo e fazendo-nos gastar uma quantidade desproporcional dos nossos recursos médicos para manter o corpo físico vivo muito além do ponto em que há alguma esperança de vida produtiva ulterior.

No entanto, a sabedoria central da tradição ocidental — ao lado de basicamente todas as outras tradições — tem discordado categoricamante da conclusão anterior. Os valores acalentados pela tradição ocidental baseiam-se na afirmação de que existimos num universo essencialmente significativo, no qual a morte do corpo físico não é nada mais que um prelúdio para alguma outra coisa. A ciência biológica moderna rejeita isso como uma noção pré-científica e um pensamento tendencioso. Mas talvez esse julgamento seja encarado de outra forma se a "revolução holística" acontecer realmente.

Essa questão da consciência e da sobrevivência é apenas um aspecto da mudança da visão de mundo; é conveniente estudá-la, mas porque ela esclarece a força dos nossos preconceitos. Foram feitas tentativas sérias de estudar a teoria da continuação da personalidade depois da morte física, e as evidências reunidas têm perturbado tanto os cientistas positivistas quanto os religiosos convictos, porque elas não contrariam os preconceitos. No entanto, quando essas evidências são analisadas com humildade e mente aberta, elas parecem indicar as características de um "novo mito" em ascensão.

Pode-se imaginar até que ponto diminuiria o medo da nossa sociedade se adotássemos uma nova concepção da morte — se viéssemos a entender que não poderíamos não existir mesmo se quiséssemos.

SAHTOURIS:

Essa é certamente uma das fascinantes possibilidades criadas pelo novo paradigma que estamos propondo. Tudo parece apontar para a conclusão de que uma biologia holárquica que inclua a consciência como a sua característica mais fundamental simplesmente faz mais sentido — não contraria o bom senso e possibilita uma compreensão maior dos dados disponíveis — que a nossa metáfora mecanicista de não-consciência da natureza. É assim que considero a mudança do mecanicismo burro para o organicismo inteligente.

Quando voltarmos a considerar a nossa história atual da evolução segundo essa nova perspectiva, veremos que a dança improvisada da evolução da natureza está cheia de lições intuitivas para a nossa espécie, que passa por dificuldades neste momento importante da sua evolução histórica. Por exemplo, a história dos impressionantes procariotes relatada anteriormente ou as lições de política e de economia inerentes à evolução do nosso corpo.

HARMAN:

Eu acho que você está com toda razão ao observar que ocorrerão conjuntamente profundas mudanças na "história" das nossas origens e da nossa natureza essencial, que hoje se baseia na biologia, e também nas nossas instituições sociais. Mas antes de continuarmos a examinar essa interação entre a biologia e a sociedade, eu gostaria de me aprofundar um pouco mais no assunto do poder e das limitações da ciência moderna. Cada vez estou mais convicto de que a perícia tecnológica e a assombrosa complexidade da ciência reducionista moderna esconde da nossa vista o dano causado pelo seu suposto "monopólio" com relação à verdade.

Um problema básico com a ciência ocidental foi reconhecido há muito tempo mas não amplamente discutido. Dois filósofos, Pierre Duhem e W. V. O. Quine, um francês e o outro norte-americano, décadas atrás previram uma das proposições mais importantes da história e da filosofia da ciência. Basicamente, a tese de Quine-Duhem (Quine, 1960) é que toda hipótese científica está incluída numa rede teórica que envolve suposições implícitas em "observações", suposições auxiliares, hipóteses relacionadas, "leis fundamentais", a natureza aceita da metodologia científica, crenças fundamentadas no senso comum e assim por diante. Se as observações não confirmam uma hipótese, isso significa que *em algum ponto* dessa rede existe uma inverdade. Não há com dizer exatamente em que lugar na rede teórica situa-se a inverdade. Desse modo, em face das anomalias e dos enigmas persistentes, deve-se considerar uma revisão de algum ou de todos os elementos da rede.

De acordo com a tese de Quine-Duhem, temos de desistir da idéia de que podemos usar os experimentos *ou para confirmar ou para provar a falsidade* das hipóteses científicas. Uma evidência em si não determina a nossa avaliação das hipóteses. Quando um experimento contradiz a ciência, a ciência precisa ser mudada, mas isso poderia ser feito de várias maneiras diferentes. Não existe uma lógica exclusiva para determinar o que mudar na teoria de alguém: todas as hipóteses sempre podem ser "protegidas" e a inverdade deslocada para declarações feitas em outro ponto da rede teórica. Portanto, é possível que cientistas competentes e racionais discordem até mesmo depois de muitos dados terem sido acumulados (como fazem, por exemplo, com relação ao melhor modo de estudar a vida na Terra).

A realidade é fértil demais para ser representada em sua totalidade pelos tipos de modelo e de metáfora que compõem a ciência. Desse modo, os bons cientistas não tendem a perguntar se uma teoria foi "provada" mas se ela "representa satisfatoriamente os fenômenos para os propósitos especificados". Uma conseqüência da tese de Quine-Duhem é que *até mesmo as nossas crenças epistemológicas* sobre o que é adquirir conhecimento e sobre a natureza da explicação, justificação e confirmação — sobre a natureza do empreendimento científico — podem estar sujeitas a revisão e correção. É precisamente para esse ponto que os muitos paradoxos científicos associados à intencionalidade, à teleologia, à consciência e assim por diante parecem ter-nos trazido.

A ciência ocidental moderna requer basicamente três pressupostos metafísicos principais:

a. Realismo (ontológico — leva à conclusão epistemológica). Existe um mundo real que é, em essência, fisicamente mensurável (positivismo). Estamos incluídos nesse mundo, seguimos as suas leis e evoluímos desde uma origem antiga. A mente ou a consciência evoluíram dentro desse mundo; o mundo já existia antes do seu surgimento e continua existindo e persistindo, independentemente da consciência.
b. Objetivismo (epistemológico e ontológico). Este mundo real existe independentemente da mente e pode ser objeto de estudo. Quer dizer, é acessível à percepção pelos sentidos e pode ser intersubjetivamente observado e validado.
c. Reducionismo (epistemológico). Este mundo real é descrito pelas leis fundamentais da física, que se aplicam a tudo. A essência do empenho científico é fornecer explicações para fenômenos complexos em termos das características das suas partes componentes e das interações entre elas.

Esses pressupostos subjacentes são postos em questão por uma extensa gama de enigmas biológicos, fenômenos "anômalos" e pela sensibilidade humana. São esses fundamentos metafísicos da biologia moderna que são questionados por uma epistemologia holística. Ainda assim, o enfoque holístico de nenhuma maneira invalida a ciência que temos; ela a coloca num contexto mais amplo.

Interlúdio

TRÊS

Aspectos da Pesquisa sobre a Consciência

Se algo parecido com a epistemologia holística discutida no Capítulo Um fosse adotado pela comunidade científica na tentativa de desenvolver uma verdadeira ciência da consciência, naturalmente seria preciso dedicar mais atenção à "pesquisa interior" empreendida há milhares de anos nas tradições espirituais do mundo. Esse é um tipo de pesquisa tão verdadeiro quanto o realizado no laboratório científico mais moderno; a diferença está nos pressupostos epistemológicos aceitos.

Considerando que a ciência moderna fundamenta-se em pressupostos epistemológicos como o objetivismo, o positivismo e o reducionismo, o que tem sido chamado de pesquisa "transpessoal" pressupõe a primazia da observação direta. O seu pressuposto epistemológico fundamental foi formulado por Henri Bergson na sua "filosofia do processo". Esse pressuposto é de que há dois meios pelos quais tomamos contato com a realidade: pelos sentidos físicos (levando à ciência empírica) e pela intuição profunda (o caminho da filosofia mística). Uma ciência completa reconheceria e empregaria ambos. A importância dessa matéria aparece numa questão ontológica central, a saber, se a consciência é *causada* (pelos processos fisiológicos no cérebro, que por sua vez são conseqüências do longo processo evolutivo) ou é *causal* (no sentido de que a consciência não é apenas um fator causal nos fenômenos presentes, mas também um fator causal ao longo de todo o processo evolutivo). O método científico ocidental insiste na primeira alternativa em ambos os casos, ao passo que os fenômenos da consciência indicam a segunda alternativa em ambos os casos.

A destilação das explorações interiores de várias tradições espirituais foi denominada "filosofia perene"; ela traz consigo implicações ontológicas que são examinadas numa recente dissertação de Ken Wilber intitulada "The Great Chain of Being" (1993). Baseada em algumas explorações muito sofisticadas (ainda que pré-científicas), essa concepção antiga gira em torno da seguinte proposição: "A realidade, de acordo com a filosofia perene, é composta de graus ou níveis diferentes, que partem do inferior, mais denso e menos consciente, para o superior, mais sutil e mais consciente. Numa extremidade desse contínuo de ser ou espectro da consciência está o que, no Ocidente, chamaríamos de 'matéria', ou o insenciente e o não-consciente, e na outra extremidade está o 'espírito', a 'divindade' ou o 'superconsciente' (que também é considerado a base onipresente na seqüência inteira). [...] A afirmação central da filosofia perene é que *homens e mulheres podem crescer e se desenvolver (ou evoluir) em toda a hierarquia até o próprio Espírito,* realizando ali a identidade suprema com a Divindade."

Uma compreensão central dessa "sabedoria perene" é que o mundo das coisas materiais está de algum modo incluído num universo *vivo,* que, por sua vez, está dentro de um plano da consciência, ou do Espírito. De maneira semelhante, uma célula está dentro de um órgão, que está dentro de um corpo, que está dentro de uma sociedade... e assim por diante. As coisas não são — não podem ser — separadas; tudo faz parte dessa "grande cadeia do ser".

Como observa Wilber, a ciência ocidental restringiu-se apenas à extremidade material do contínuo e apenas à causalidade "ascendente" — causalidade do material para o mental e espiritual; não o contrário. Com essa restrição, sobreveio a fé de que, no final, uma ciência nomotética poderia representar a realidade satisfatoriamente — a fé de que os fenômenos são governados por "leis científicas" invioláveis, quantificadas. Dessa restrição originaram-se tanto o poder da ciência moderna (basicamente, para criar tecnologia manipuladora) quanto a limitação da sua epistemologia. Dela vieram também todos os tipos de "problemas" clássicos — o "problema mente/corpo", a "ação a distância" e o "livre-arbítrio *versus* o determinismo", "ciência *versus* espírito", etc.

Essa restrição da ciência a apenas uma parte da "grande cadeia de ser" foi conveniente e justificável durante um determinado período da história.

O único erro que cometemos foi o de nos deixar impressionar tanto com os poderes da ciência de predição e controle que fomos tentados a acreditar que esse tipo de ciência poderia nos levar a uma compreensão do todo. Fundamentalmente, *não há nenhuma razão para supor que a ciência reducionista poderá um dia proporcionar uma compreensão adequada do todo.*

O que deve ser feito agora, de acordo com Wilber, é conservar os ideais do espírito científico de mente aberta e a tradição de validação pública do conhecimento (repudiando todo sacerdócio científico), mas para abrir o campo de pesquisa ao contínuo inteiro e para a causalidade tanto descendente quanto ascendente. Se a comunidade científica optará ou não por fazer isso logo é uma boa pergunta. No entanto, por causa da mudança cultural que parece estar acontecendo, e que dá uma importância cada vez maior ao transcendental, a pressão do público poderá forçar essa mudança, caso a ciência queira manter a sua posição atual como a *única* autoridade cognitiva largamente aceita no mundo moderno.

Na verdade, existem ao menos duas áreas de pesquisa que apontam mais ou menos nessa direção. São as pesquisas sobre os estados incomuns da consciência e as pesquisas relativas à "intencionalidade" e a "coincidências significativas".

Pesquisa sobre os estados incomuns da consciência

Uma das discussões mais compreensíveis dos aspectos consciente e inconsciente da mente é a de Roberto Assagioli (1965). Ele usa o diagrama abaixo para incluir, coordenar e organizar numa concepção integral os dados obtidos por meio de inúmeras observações e experiências relatadas:

1. O Inconsciente Inferior
2. O Inconsciente Médio
3. O Inconsciente Superior ou Superconsciente
4. O Campo da Consciência
5. O Eu Consciente ou "Eu"
6. O Eu Superior
7. O Inconsciente Coletivo

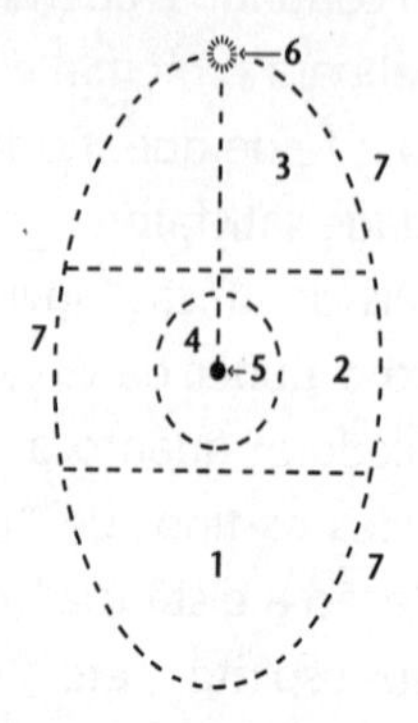

Reimpresso com a permissão de Sterling Lord Literistic, Inc.
Copyright © 1971 de Roberto Assagioli

Esse é, reconhecidamente, um quadro aproximado e elementar. Não obstante, ele oferece uma visualização conveniente para revelar várias características. O significado das várias regiões no diagrama é o seguinte:

1. O Inconsciente Inferior. Este é semelhante ao *id* de Freud — o domínio psíquico no qual os impulsos sexuais e da agressividade e as experiências e recordações reprimidas são armazenados. O Inconsciente Inferior contém as atividades elementares que dirigem a vida do corpo; os impulsos básicos e os anseios primitivos; vários complexos, carregados com intensa emoção; sonhos e imaginações de tipo inferior; processos parapsicológicos inferiores, descontrolados; várias fobias, obsessões, anseios compulsivos, etc.

2. O Inconsciente Médio. O Inconsciente Médio é formado de elementos psicológicos semelhantes aos da nossa consciência desperta e facilmente acessíveis a ela; nessa região são assimiladas as nossas várias experiências e as nossas atividades mentais e imaginativas usuais são elaboradas e desenvolvidas. É semelhante ao "pré-consciente" de Freud e contém itens esquecidos recentemente e facilmente recordados, como números de telefone de amigos, lembranças do que fizemos no último feriado, nomes de colegas de trabalho e assim por diante.

3. O Inconsciente Superior ou Superconsciente. Neste nível do inconsciente recebemos as nossas intuições e inspiração superiores — "imperativos" artísticos, filosóficos ou científicos, éticos, e anseios por ações humanitárias e heróicas; a fonte dos sentimentos superiores como amor altruísta, do gênio e das funções psíquicas superiores e energias espirituais. Para a maioria de nós, na maior parte do tempo, o conteúdo do Inconsciente Superior não é prontamente acessível. Um dos focos centrais da Psicologia Transpessoal e das várias disciplinas espirituais é buscar o aumento dessa acessibilidade às potencialidades intuitivas, criativas, estéticas e espirituais reprimidas.

4. O Campo da Consciência. Esta é a parte da nossa personalidade da qual estamos diretamente conscientes, incluindo as sensações, imagens, pensamentos, sentimentos, desejos, impulsos. Essa é a nossa consciência imediata, as percepções e eventos mentais de que estamos conscientes no presente momento.

5. O Eu Consciente ou "Eu". O ponto da pura consciência de si mesmo, o centro da consciência; aquele que pode estar consciente das áreas no campo da consciência e participar delas. É o nosso "ego" — o posto avançado do Eu. É o Eu que vive a experiência no nível do indivíduo, por dentro do drama, do trauma, das alegrias e atribulações, do corre-corre das nossas atividades cotidianas. O "Eu" é o observador central que pode testemunhar e observar o drama da nossa vida.

6. O Eu Superior. Aqui é o lugar do verdadeiro Eu, que permanece quando o eu consciente parece desaparecer pelo sono, desmaio, hipnose ou narcose; relacionado ao "observador oculto" na pesquisa da hipnose e ao "ajudante interior de si mesmo", percebido em estudos de transtorno de personalidade múltipla. A realização consciente do Eu Superior ou Eu transpessoal é buscado por várias iogas e por disciplinas de meditação.

7. O Inconsciente Coletivo. A borda do diagrama oval deveria ser considerada como delimitando o eu, mas não o desligando do ambiente maior. Ela é análoga à membrana que delimita a célula, a qual permite um intercâmbio constante e ativo com o corpo inteiro ao qual a célula pertence; ela permite um tipo de "osmose psicológica" com outros seres humanos e com o ambiente psíquico geral.

O diagrama acima ajuda a reconciliar um aparente paradoxo relativo ao eu. Parece haver uma dualidade quanto ao eu: é como se houvesse dois eus — o eu pessoal, geralmente inconsciente do verdadeiro Eu, até mesmo a ponto de negar a sua existência, sendo que esse é oculto, não se revelando diretamente em geral à nossa percepção consciente. No entanto, o Eu é um; ele se manifesta em graus diferentes de consciência e realização de si mesmo. O reflexo do Eu como o eu consciente parece ser auto-existente mas não tem, na realidade, nenhuma substancialidade autônoma.

Estado da pesquisa

Existe uma grande quantidade de pesquisas clínicas em psicoterapia e em áreas como hipnose, percepção inconsciente, atenção seletiva, imagens mentais, sono e sonhos, todas elas esclarecendo consideravelmente as relações entre o eu, o campo da consciência e o inconsciente médio. Carl Jung criou o termo "inconsciente coletivo" e concebeu as suas pesquisas sobre os arquétipos e sobre a sincronicidade como sendo as investigações mais importantes nessa área. Uma vez que a maioria dos cientistas não vê nenhuma possibilidade de um "mecanismo" pelo qual a comunicação com um inconsciente coletivo ou com as outras pessoas por meio de um inconsciente coletivo pudesse ocorrer, o conceito permanece na periferia da ciência.

O interesse fundamental na pesquisa dos estados alterados da consciência (ASCs, sigla em inglês) está no estudo do inconsciente superior (o sociólogo Pitirim Sorokin, da Harvard, usou o termo "supraconsciente" na sua pesquisa sobre "altruísmo criativo"). Esse é um foco de interesse central na "psicologia transpessoal" (Bruce Scotton *et al.* [1996], Charles Tart [1975a e 1975b]), embora deva ser admitido que não há nenhum paradigma de pesquisa geralmente aceito para essa disciplina.

A pesquisa mais extensa sobre o inconsciente superior, e a relação com o ego e o Eu, encontra-se nas disciplinas espirituais. Roger Walsh e Frances Vaughan (1993) fazem-nos lembrar da vasta gama de possíveis estados alterados da consciência:

> Por exemplo, só as variedades de EACs que foram identificadas nas práticas de meditação indianas e iogues incluem estados de extrema concentração, como os *samadhis* iogues ou os *jhanas* budistas; os estados de testemunho consciente em que a equanimidade é tão forte que os estímulos têm pouco ou nenhum efeito sobre o observador; e os estados em que estímulos internos extremamente sofisticados tornam-se objetos de atenção, como os tênues sons interiores da *shabd ioga*. Algumas práticas levam a estados unitivos em que a sensação de separação entre o eu e o mundo se dissolve, como em alguns *satoris* zen. Em outros estados, desaparecem todos os objetos ou fenômenos, como no *nirvana* budista ou no *nirvikalpa samadhi* vedanta; e ainda em outros, todos os fenômenos são percebidos como expressões ou modificações da consciência, como o *samadhi sahaj*.
>
> [Há um acordo considerável de que é] difícil avaliar e compreender plenamente os estados alterados sem a experiência direta deles. Realmente, essas experiências podem alterar radicalmente a visão de mundo da pessoa e é bem provável que os que passam por elas considerem a consciência como o componente fundamental da realidade.

Algumas dessas tradições espirituais incluem epistemologias muito sofisticadas; mais fenomenológicas que a da ciência, mas não menos disciplinadas. É talvez nessa área, mais do que em nenhuma outra, que o estudo fecundo e a ampla aceitação dos resultados esperam uma resolução da questão de uma epistemologia adequada para a pesquisa científica nessa área.

Pesquisa sobre "coincidências significativas"

O termo "coincidências significativas" foi apresentando originalmente por Jung (1955) e usado com uma definição ampliada por John Beloff (1977), para designar a "conectividade acausal" entre eventos separados pelo tempo ou pelo espaço. Em linguagem comum, o termo refere-se a eventos em que parece não haver nenhuma possibilidade de ligação física em nenhum sentido conhecido, mas ainda assim existe uma ligação *significativa*. Jung é muito claro quanto ao fato de que a significação não deve ser interpretada como apenas um sentimento subjetivo. A sincronicidade (outro termo que ele também usa), insiste Jung, "postula um significado que está *a priori* relacionado com a consciência humana e aparentemente existe fora do homem". A certa altura, ele afirma que a sincronicidade pode ser considerada como uma dimensão fundamental da realidade objetiva, assim como o espaço, o tempo, a causalidade e a energia.

Conforme comenta Beloff, "A possibilidade de haver uma relação ao mesmo tempo acausal e ainda assim significativa pressupõe uma cosmologia diferente". Na verdade, foi precisamente a negação dessa conectividade acausal, ainda que significativa, que justificou o precipitado despejo das três grandes artes ocultas da astrologia, da alquimia e da adivinhação, na lata de lixo do progresso científico. Beloff prefere expandir a definição para incluir fenômenos em que a ligação *parece* ser acausal, deixando-a em aberto para um estudo posterior que determine se um tipo de causa pode estar presente. Nesse sentido ampliado, "significativo" pode significar tanto o julgamento subjetivo do observador, quanto um julgamento fundamentado em dados históricos (como no caso da astrologia ou do *I Ching).*

Do modo como ele está sendo usado aqui, portanto, o termo "coincidências significativas" inclui a "sincronicidade" de Carl Jung (David Peat, 1987) e a maioria dos inúmeros "fenômenos paranormais". Entre os exemplos destacam-se a comunicação aparentemente "telepática", a "visão remota" aparentemente clarividente e a "coincidência" entre o ato da oração e a realização daquilo pelo qual se rezou, como a cura. Outro exemplo é o sentimento de ter um "anjo da guarda", quando a pessoa sente-se advertida sobre um perigo ou passa por uma circunstância particularmente imprevista na vida. Um grande número de exemplos históricos e pessoais encaixa-se nas categorias de "milagres" e "fenômenos psi".

A primeira tentativa patente de estudar essa área de modo sistemático e de acordo com o espírito científico parece ter sido o trabalho do grupo liderado por F. W. H. Myers, em Cambridge, que resultou na formação, em 1882, da Society for Psychical Research. Uma boa revisão do campo pode ser encontrada em Mitchell, 1974.

Os fenômenos nessa área encaixam-se muito naturalmente em três categorias:

1. Os que envolvem apenas informações. Nesses casos, as informações são obtidas aparentemente por meios diferentes dos canais sensórios conhecidos. Elas podem entrar na consciência desperta, em estado de transe ou nos sonhos. Incluem a *comunicação telepática* (mente a mente); a *percepção clarividente* (visão remota), a *precognição* ("lembrar-se" de um evento que ainda não aconteceu) e a *retrocognição* ("lembrar-se" de um evento do passado do qual não se tem nenhum conhecimento no sentido habitual). Embora tenham sido feitas algumas tentativas para postular algum tipo de mecanismo para esses casos, nenhuma teve êxito. Os fenômenos parecem de fato envolver situações em que há dois eventos — primeiro, uma percepção na mente da pessoa que recebe as informações; segundo, um evento remoto no espaço ou no tempo, ou um pensamento ou imagem na mente de alguma outra pessoa — que geralmente tem uma ligação significativa profunda com as pessoas envolvidas, considerando que não há nenhuma comunicação física concebível entre os dois.

Os exemplos desses fenômenos costumam ser surpreendentes e convincentes. Certas pessoas, às vezes chamadas de "médiuns" ou "sensitivos", supostamente têm essas experiências com freqüência e, até certo ponto, à vontade. Delegacias de polícia em vários continentes fazem uso freqüente de médiuns na solução de crimes. Os arqueólogos recorrem aos médiuns para lhes dar assistência na localização de sítios e artefatos enterrados. Adivinhos rabdomantes são muitas vezes usados, às vezes sub-repticiamente, na localização de poços. Mineradoras e companhias de petróleo usam clarividentes para localizar depósitos subterrâneos. Houve um interesse efetivo nas aplicações militares da visão remota e de outros fenômenos psíquicos, especialmente durante a Guerra Fria, em ambos os lados da Cortina de Ferro. Nos Estados Unidos, várias agências militares e de informações têm patrocinado, apoiado ou conduzido pesquisas sobre as aplicações estratégicas dessas aptidões.

No entanto, como uma área de pesquisa científica, o interesse tem sido limitado e o apoio financeiro ainda mais. Entre as tentativas de empreender experiências repetíveis para demonstração e estudo desses fenômenos, as mais bem conhecidas do ponto de vista histórico são as iniciadas por J. B. Rhine, da Duke University (continuadas na Foundation for Research on the Nature of Man) em Durham, Carolina do Norte. A Parapsychological Association, que se concentrou nessas tentativas, fundiu-se à American Association for the Advancement of Science (AAAS), em 1969.

2. *Fenômenos em que o estado mental da pessoa parece exercer um efeito direto sobre o ambiente físico.* Entre esses incluem-se a simples *psicocinese* (em que o estado mental faz com que algo seja movido ou fisicamente afetado a distância e sem a intervenção física do tipo habitual — por exemplo, algumas demonstrações relatadas em que objetos de metal são torcidos); *levitação* (da própria pessoa); *teletransporte* (desaparecimento aparente de um objeto de um local e surgimento simultâneo em outro); *materialização* e *desmaterialização*; *fotografia de pensamentos* (em que uma imagem ou estado mental mantidos em pensamento resultam aparentemente numa imagem em filme fotográfico); *cura psíquica* e *cirurgia psíquica*.

Para a maioria dos cientistas, esses fenômenos relatados compreendem alegações duvidosas que podem ser explicadas em grande parte por "causas naturais". Algumas das ocorrências espontâneas são bem atestadas por testemunhas de confiança e não podem ser explicadas dessa forma. (Veja, por exemplo, os casos relatados em Brian Inglis, 1992, e Jule Eisenbud, 1967.) Os dados de laboratório mais impressionantes são os relatados por Robert Jahn (Jahn e Brenda Dunne, 1987), em Princeton, sobre a influência mental de um gerador eletrônico de eventos fortuitos.

3. *Eventos ou fenômenos que fazem supor a vida após a morte física.* Exemplos clássicos incluem a *comunicação mediúnica* ou a *canalização* (aparente comunicação com seres desencarnados, às vezes acompanhada por fenômenos físicos ou semifísicos), *poltergeists* e *aparições*. Embora a palavra "canalizar" seja usada bastante livremente nos dias atuais, e muitas vezes com um aparente estímulo da credulidade, alguns dos casos clássicos de mediunidade são bastante impressionantes pela sua qualidade comprobatória. (Veja, por exemplo, Rosalind Heywood, 1974; Brian Inglis, 1992.) Alguns dos materiais cuja suposta autoria seria de seres desencarnados parecem ser de qualidade extraordinariamente elevada (como os "Seth Materials" e "A Course in

Miracles", comentados por Arthur Hastings, 1991). Além disso, conforme será detalhado abaixo, o assunto da "vida após a morte" continua sendo objeto de estudo; novas evidências surgem das mais variadas procedências.

A pesquisa nessas três categorias, que agrupamos sob o título "coincidências significativas", tem sido amplamente depreciada pela corrente predominante da comunidade científica. Pelo fato de esses fenômenos serem tão contraditórios com relação à representação da realidade cientificamente conhecida, eles devem ser "simples coincidências" ou resultarem de fraude e conspiração. No entanto, o conceito de William James do "empirismo radical" faz supor que o problema não esteja nos fenômenos, mas na epistemologia científica aceita. Conforme afirmou Jung, os dados e as experiências de sincronicidade parecem ser sólidos o bastante para insinuar algum tipo de "conectividade acausal" que exige investigação.

A questão da existência desincorporada

As implicações do tópico da "vida após a morte", especialmente no tocante ao medo disseminado desta, são suficientemente significativas para justificar um relatório ligeiramente mais completo.

A visão de mundo medieval era caracterizada por um contínuo entre este mundo e o próximo, tanto que a questão da continuidade nem mesmo foi considerada. Esse contínuo foi quebrado pela revolução científica, da forma que, pela metade do século XIX, havia uma quase total discrepância entre a visão de mundo religiosa, para a qual a questão da vida após a morte estava presumivelmente resolvida, e uma visão de mundo científica, para a qual a questão era infundada. O interesse pela questão da vida após a morte definhou na virada do século e minguou depois da Primeira Guerra Mundial. Houve um lento ressurgimento do interesse no início da década de 1960 e uma nova maneira de considerar a questão parece ter surgido na década de 1990.

Grande parte das evidências mais antigas da hipótese da vida após a morte girava em torno do fenômeno da mediunidade, em que uma pessoa num estado alterado de consciência parece poder receber comunicados de entidades desencarnadas e ocasionalmente evocar manifestações físicas como batidas, tamborilar em mesa, influência sobre uma mesa Ouija[13], escrita em lousa e coisa parecida. As mensagens eram recebidas de várias maneiras. Algumas eram expressões vocais pronunciadas pelo médium, registradas em gravador de som. Outras apareciam na forma de escrita automática. Algumas eram escritas em lousas desmontáveis fechadas (de um tipo usado por colegiais) com um giz ou caneta especial dentro, com o pesquisador segurando as lousas fechadas ou colocando-as debaixo de objetos pesados para eliminar qualquer possibilidade de fraude. (Num exame cuidadoso, o material escrito parecia ter sido depositado na face da lousa, em vez rabiscado com o giz ou caneta na lousa do modo normal. É claro que a idéia de que a escrita pudesse acontecer sem um escritor para mover o lápis não foi aceita pelos céticos, mas parece ter havido observadores críticos adequados para dar aos relatórios alguma credibilidade.)

Finalmente, toda essa atividade acabou atraindo o interesse de eruditos sérios como *sir* Oliver Lodge e Frédéric W. H. Myers, na Inglaterra, e William James, nos Estados Unidos, e levou a uma investigação disciplinada e à criação de sociedades profissionais. A mais prestigiosa delas foi a Society for Psychical Research (SPR), constituída em 1882.

As investigações de Myers, na Inglaterra, foram excelentes e até o fim da vida, em 1901, ele resumiu as evidências da vida após a morte numa obra em dois volumes que é um ponto de referência sobre o assunto, intitulada *Human Personality and Its Survival of Bodily Death*. Ele e os seus colegas pesquisadores constantemente frustraram-se diante das dificuldades de estudar a comunicação mediúnica. Desse modo, ele prometeu meio por brincadeira aos colegas de trabalho que quando morresse inventaria um experimento que não deixaria dúvidas às pessoas quanto à identidade dele e à sua sobrevivência. Começando logo após a morte dele, e continuando durante três décadas, houve uma série notável de comunicações supostamente provenientes dele (com algumas também dos seus colegas Edmund Gurney e Henry Sidgwick, que também tinham morrido por essa época) e que ficaram conhecidas como as "correspondências cruzadas". Esses escritos ocorreram a uma dúzia de médiuns, que viviam em vários locais em três continentes. Eles compreendiam fragmentos de mensagens, incluindo trechos de citações clássicas, que estavam claramente incompletos em si, mas quando montados na sede da SPR em Londres encaixavam-se como peças de um quebra-cabeça (Inglis, 1992).

13. Marca comercial de mesa com as letras do alfabeto e outros sinais, usada para receber mensagens mediúnicas. (N. do T.)

A tentativa de Myers de levar a experiência após a morte para o âmbito da ciência não parou, ao que parece, com a morte dele, nem mesmo com as correspondências cruzadas. Por mais de vinte anos depois da morte desse estudioso, uma sensitiva do norte da Irlanda, chamada Geraldine Cummins, registrou por meio da escrita automática, longos manuscritos atribuídos ao falecido Myers. Esses textos foram publicados (com Cummins identificada como autora, mas com um prefácio explicando por que ela acreditava que fossem transmissões de Myers) em dois volumes, *The Road to Immortality* e *Beyond Human Personality* (Johnson, 1954). Eles contêm um relato fascinante da experiência após a morte de Myers e as suas indicações das possibilidades do pós-morte, essas últimas obviamente semelhantes às indicações surgidas antes e depois em outras fontes.

Básicamente, a morte parece menos uma extinção do que um despertar para "onde se esteve desde sempre". Não vamos a lugar nenhum na morte; já estamos lá. Em geral, o centro da consciência muda na morte do físico para os planos superiores. Imediatamente depois da morte, as sensações individuais diferem, de uma pessoa para outra, assim como acontece na vida terrestre. Pode haver um período de confusão e/ou sono de descanso, ou podemos visitar o que possa ser a nossa idéia de "céu" enquanto estávamos na Terra. Quando a alma está pronta, o aprendizado recomeça; a jornada para uma consciência maior continua. A nossa consciência é da mesma natureza do que permeia o universo e a nossa percepção dessa consciência universal é potencialmente sem limite. A nossa breve estada na Terra é, nas palavras de Wordsworth, "um sono e um esquecimento" — uma inconsciência temporária da nossa verdadeira natureza. O aprendizado não pára com a morte do corpo; o caminho para a consciência superior é infinito.

Todo o trabalho com médiuns durante muitas décadas enfrentou o problema óbvio de que, qualquer que fosse a fonte original da comunicação, não havia como dizer até que ponto ela teria sido corrompida ao se manifestar por meio da mente inconsciente do médium. Esse problema afligiu todos os pesquisadores, de Frédéric Myers em diante, e foi uma fonte de contínua frustração, até mesmo quando parecia haver algo significativamente comprobatório nas mensagens recebidas.

Como que em resposta a esse problema, logo após os gravadores de fita magnética tornarem-se comuns, na década de 1950, começaram a aparecer mensagens em vários gravadores que pretendiam ser de seres desencarnados. Essa era a evidência "concreta", presumivelmente não contaminada pela mente de nenhum médium. Algumas dessas mensagens eram de pessoas que, antes da morte, estavam profundamente envolvidas com a pesquisa da questão da vida após a morte. Em épocas ainda mais recentes, à medida que outras tecnologias tornaram-se disponíveis, essas comunicações passaram a envolver telas de televisores, gravadores de vídeo, além da gravação em discos de computador de palavras e imagens escaneadas; também incluindo comunicação de mão dupla em tempo real, imagens fotográficas como também mensagens verbais. Tudo isso pareceria, a julgar pela aparência, constituir uma alegação totalmente absurda, muito embora algumas dessas comunicações, coletadas por pesquisadores em pelo menos seis países, compreendem uma intrigante significação comprobatória (Mark Macy, 1995). Elas até mesmo indicam que serão feitos mais progressos pela colaboração intensa entre pesquisadores em *ambos* os lados da cortina a que chamamos morte.

Também existem evidências clínicas que parecem sustentar a hipótese da vida após a morte. Grande parte delas provém de novos campos da psicoterapia como a "liberação espiritual" (Baldwin, 1993) e a "terapia de regressão" (Lucas, 1993). O primeiro visa a libertação de uma condição que uma vez foi chamada de "possessão espiritual", agora amplamente considerada como uma noção pré-científica sem substância. No segundo caso, os clientes supostamente resolvem problemas atuais pela compreensão das suas origens numa vida passada. A questão é em parte validada pelo trabalho diligente de Ian Stevenson, ao verificar as informações contidas em lembranças de vidas passadas na infância (Stevenson, 1987).

Desnecessário dizer, embora esses dois tipos de terapia estejam razoavelmente bem estabelecidos, nem o conceito da recordação de vidas passadas nem a possibilidade de vinculação espiritual são geralmente considerados merecedores de credibilidade científica, uma vez que implicam coisas como reencarnação e inteligências desencarnadas. Apesar dessa falta de endosso oficial, porém, deve-se ter em mente que o conceito de mente inconsciente tornou-se uma base amplamente aceita pela psicanálise e outras psicoterapias por toda a metade de um século antes de obter a aceitação em círculos científicos estritos.

Ao discutir essas duas áreas de pesquisa (estados incomuns de consciência e "coincidências significativas"), não há de nossa parte nenhuma pretensão de apresentar conclusões. O nosso objetivo foi de apenas indicar orientações de estudo que alguns pesquisadores, pelo menos, estão considerando com seriedade.

CAPÍTULO

SEIS

Implicações Sociais

No contexto atual do agravamento da situação global e das ameaças ao nosso futuro, talvez a característica mais importante da nova perspectiva delineada para a ciência seja a de estipular uma fórmula para a sobrevivência a longo prazo, com alta qualidade, e uma saída para a nossa situação mundial.

— Roger Sperry (1994)

Chegou o momento em que temos de perceber que somos todos partes de um único organismo e produzimos alguns tipos novos de resposta e relacionamento.

— Jonas Salk (1983)

HARMAN:

Ambos concordamos que gostaríamos de estudar algumas das maneiras pelas quais uma mudança na biologia afetaria a sociedade. Certamente um dos conceitos mais radicais que temos comentado é a descoberta de algo parecido com a inteligência em todo o universo. Eu acho que gostaria de começar explicando como cheguei a considerar esses assuntos da maneira como os considero — porque acredito que a essência da minha história não seja tão incomum quanto a princípio se poderia supor.

A exemplo de muitas pessoas da minha geração (nasci durante a Primeira Guerra Mundial), cresci com a ciência sendo uma autoridade inconteste e a natureza da realidade. Estudei a ciência e acabei ensinando ciência aplicada e engenharia na Stanford University. Então, aos 36 anos de idade, fui induzido a participar de um retiro de duas semanas no parque das sequóias, no norte da Califórnia. Digo "induzido" porque, se soubesse o que poderia me acontecer lá, provavelmente nunca teria ido. O encontro tinha sido apresentado como sendo uma discussão não-religiosa sobre ética e princípios de vida. Descobri que era muito mais que isso — mais experimental, principalmente. Isso aconteceu muito tempo antes da era do treinamento da sensibilidade e dos grupos de encontro, deixemos de lado essa época e os seus muitos aparentados. Mas ali estávamos nós, meditando por longos períodos com uma suave música clássica ao fundo, fazendo trabalhos artísticos com a mão esquerda e, especialmente, compartilhando uns com os outros extensa e minuciosamente os sentimentos mais íntimos, tanto positivos quanto negativos, que tivéramos ao longo da vida.

Achei tudo agradável e de certa maneira fascinante. Até que, próximo ao fim, percebi que me sentia traído pelo líder que havia me convencido a participar. A razão de eu me sentir assim foi ele ter revelado que acreditava haver uma ligação entre os fenômenos psíquicos ou supranormais e o poder da oração, e eu achei que alguém com a educação dele (ele era professor de direito na Stanford University) deveria saber que a ciência provara a falsidade daquela hipótese havia muito tempo.

No último dia, eu explodi em lágrimas enquanto tentava explicar o que sentia que eu aprendera com o seminário. Eu estava consciente de que os soluços tinham mais a ver com a alegria do que com a tristeza, mas por mais que quisesse não conseguia dar uma boa explicação para o que havia por trás daquilo. Era como se alguma parte de mim estivesse indicando que já era hora de eu tirar a minha vida do ponto morto.

Sem dúvida, havia aspectos da vida sobre os quais nunca me contaram na escola. Decidi descobrir sobre eles, sem realmente saber como. Com o passar dos anos e décadas (sou um estudante lento), pouco a pouco fui descobrindo que muitas coisas que vemos e sentimos sobre nós mesmos e sobre o mundo ao nosso redor dependem das crenças que interiorizamos ao longo do caminho. Encontrar os mistérios da hipnose foi uma parte disso. Se por aceitar as sugestões de um hipnotizador eu posso ser levado a ver coisas que não existem, deixar de ver coisas que são visíveis a todos, demonstrar uma força que nunca tive, ser incapaz de erguer o mínimo peso, criar todos os sinais de uma queimadura quando tocado por um objeto frio que me disseram estar quente, ou caminhar sobre carvão em brasa sem encher de bolhas os meus pés — se tudo isso é possível, então é bem mais provável que eu veja o mundo do modo como fui ensinado a ver, pelo que o mestre hipnotizador chamou de "a nossa cultura". Somos todos culturalmente hipnotizados desde o nascimento! Isso me explicou tanta coisa!

Eu aprendi que essa programação interior pode ser mudada por meio de certas doses de auto-sugestão. Se sugiro a mim mesmo, num estado de aceitação profunda, que o mundo está cheio de coisas maravilhosas, ou que já tenho o que me fará feliz, isso realmente pode mudar as coisas. Isso faz sentido. Além disso, as minhas próprias experiências de meditação estavam se aprofundando mais e a inter-relação profunda de tudo estava se tornando algo em que eu realmente acreditava. Mas se tudo está ligado a tudo, por que não haveria de ser possível que, imaginando algo, prolongada e/ou reiteradamente, de maneira tão vívida quanto possível, e repetindo ou conservando isso em mente, eu pudesse fazer com que esse algo pudesse ser manifestado? Eu descobri que essa realmente era uma alegação que tinha sido feita várias vezes, fosse o processo chamado de "afirmação" ou "oração".

No entanto, alguma coisa em tudo isso me incomodava. Suponhamos que seja verdade que, se eu decidir rezar por alguma coisa, isso possa contribuir para que essa coisa aconteça. Mas *quem tomou a decisão?* Se estou ligado intimamente ao Todo, eu realmente quero o que acho que quero ou trata-se apenas do ego em ação? Será que eu realmente não quero exatamente o que o Universo quer, uma vez que no final das contas isso é quem eu sou? A prece, "Seja feita a vossa vontade", começava a fazer mais sentido do que qualquer outra coisa.

Essa convicção ampliou-se por uma "experiência de quase morte" por volta dos 60 anos de idade. Não estive fisicamente próximo da morte, mas passei por uma depressão profunda. Pela primeira vez eu entendi pelo que as pessoas passam numa depressão psicológica. Esse episódio parecia ter a ver com a percepção profunda — eu o sentia em algum lugar na região do meu estômago — de que a minha vida estava chegando ao fim. Aquilo realmente se parecia com a sensação da morte, e então uma manhã eu subi uma montanha para ver o amanhecer e tudo desapareceu. Voltei a sentir alegria de viver. Mas algo que nunca esteve claro antes (num nível de sentimento profundo) ficou inteiramente evidente. Todas as coisas que durante toda a minha vida eu aprendera que eram valiosas não tinham valor nenhum, pois em poucos instantes podiam acabar. Mas uma coisa é valiosa — e apenas uma. Alan Watts a chamou de "A Identidade Suprema" — a identificação com o Divino.

Com essa compreensão, a jornada parecia completa. Eu não podia acreditar que o segredo da vida era tão simples! Se fosse, por que tantos tratados complexos foram escritos a esse respeito? Por que todos reconhecemos que seja tão difícil?! Tudo o que posso dizer aqui é que, duas décadas depois, ainda parece simples.

E agora um outro tipo de oração começa a fazer sentido. Se eu realmente sou um co-criador do Universo, então o poder da oração de gratidão é óbvio. Isso não significa apenas que por me concentrar no que é belo, bom e verdadeiro, e cultivar um sentimento íntimo de gratidão profunda, eu mudo a maneira como *vejo* o mundo. Eu realmente mudo o mundo! Esse pode ser o tipo mais eficaz de serviço que posso prestar.

Estou agora (do ponto de vista estatístico, digamos) no crepúsculo da minha vida. De qualquer modo, a grande aventura da morte não pode estar muito distante. Esse fato de nenhuma maneira diminui a delícia de simplesmente sair para passear ao ar livre, ou brincar com os meus bisnetos, ou desfrutar o sossego de um casamento que durou quase seis décadas.

Eu jamais acreditaria, nos meus primeiro anos, que envelhecer pode ser absolutamente delicioso. Mas na verdade é, a cada momento. É divertido perceber que, bem lá no fundo, *optamos por* envelhecer e morrer, e observar o processo com tanta alegria e fascinação quanto um pai se encantando ao assistir ao nascimento do filho. Fica mais evidente a cada dia que eu sou meramente uma parte do Todo, que o prazer mais profundo da vida é servir a esse Todo, e que sutis e múltiplos são os caminhos que podemos descobrir com esse propósito.

A partir dessa experiência, que tomei a liberdade de compartilhar com bastante intimidade, cheguei a várias conclusões. Uma é que o verdadeiro aprendizado não resulta da assimilação de conhecimentos apenas; ele tem a ver com suspender as estruturas conceituais com suficiente leveza para possibilitar experiências que não se ajustem bem às estruturas existentes. Cada vez mais pessoas estão adotando essa atitude com relação à ciência predominante, apesar dos seus impressionantes sucessos.

Outra conclusão é que, se o nosso sistema de crenças passa por uma mudança profunda, por meio de qualquer processo ou experiências, as nossas percepções e tudo o que está relacionado com a nossa vida irá mudar. Isso vale tanto para o nível pessoal quanto para o coletivo.

O que equivale a dizer que as conseqüências de adotar um conceito holístico da biologia, como temos falado, são difíceis de prever, mas elas serão profundas.

SAHTOURIS:

A sua história é maravilhosa, Willis. Obrigada por contá-la. Não estou muito longe de você nessa jornada fascinante e concordo sinceramente com a sua recomendação para "suspendermos as nossas estruturas conceituais com suficiente leveza para permitir experiências que não se ajustem bem às estruturas existentes". Para mim, formular, expandir e revisar a minha visão de mundo é a coisa mais excitante da vida. Eu vibrava em aprender a visão de mundo científico quando ainda relativamente jovem, e recomendava o mesmo a todos que se dispusessem a me escutar; mais tarde eu sofri as suas constrições como uma roupa muito apertada quando se cresce, e ao longo dos anos descobri muitas idéias novas, muitas maneiras novas de torná-la coerente. Eu pretendo continuar fazendo o mesmo durante toda a minha vida, acolhendo idéias melhores que as que tenho no momento, querendo sempre que me provem que estou errada.

A maior mudança que tive de fazer foi esta: depois de ter considerado a consciência como um fenômeno emergente, passei a reconhecê-la como estando presente desde o princípio. Não foi fácil; ainda que seja tão óbvio depois que se faz a mudança. Eu não poderia ter feito isso recorrendo apenas à ciência e às espiritualidades da minha própria cultura. Eu precisei perceber quantas outras mentes humanas inteligentes e investigativas ao longo da história e as suas muitas culturas chegaram às mesmas conclusões. Eu precisei mergulhar fundo em culturas indígenas que viveram isso. Eu realmente pensava que os cientistas ocidentais eram mais avançados que todas elas; tive de aprender a rir da minha — da nossa — arrogância e admitir que éramos os mais atrasados. Não é tão difícil quando você ganha um mundo muito mais excitante e maravilhosamente mágico como recompensa.

Se chegarmos a considerar o universo e, mais localmente, o nosso planeta com os seus ecossistemas como algo inteligente, parece inevitável que a nossa estima pela natureza aumentará. Já não veremos as outras espécies, e a própria vida, como conseqüência do acaso. Isso, por si só, já poderia ser muito benéfico, porque, com um respeito maior pela natureza e um pouco mais de humildade da nossa parte, poderíamos ser salvos como espécie.

Qualquer um que nos observasse da Lua veria apenas um indício da presença humana na Terra: o rápido crescimento dos desertos, que temos criado sem cessar desde a nossa invenção do nomadismo e da agricultura em larga escala, agora muito maior devido à era industrial. Talvez a poluição também comece a aparecer com a nossa cobertura de nuvens. Os radiotelescópios do espaço também mostrariam uma tamanha atividade eletromagnética praticada pelo homem que a Terra poderia ser confundida com uma estrela gêmea do nosso Sol.

Nós seres humanos modernos, ao projetar e construir o nosso "mecanismo" econômico e político, consideramo-nos separados do resto da natureza e até mesmo no controle dela, mas, na verdade, a nossa organização social nada mais é do que um fenômeno biológico como o de todas as outras espécies e já estava mais do que na hora de entendermos isso.

Uma biologia que considere toda a natureza como uma composição de hólons co-evoluindo em holarquias não tardará em revelar muito sobre a natureza da humanidade como um desses hólons — ou como uma holarquia de indivíduos, famílias, organizações, comunidades, nações e outros hólons. Com essa compreensão de nós mesmos, ganharemos uma profunda compreensão sobre em que temos sido bem-sucedidos e em que temos errado como sistemas vivos incluídos dentro de outros sistemas vivos. Depois de ter eu mesma adotado essa perspectiva contextual, várias vezes ela ajudou a revelar edificantes paralelos entre a nossa evolução como espécie humana e a evolução das células e seres vivos pluricelulares.

Por exemplo, se uma vez mais observarmos a evolução dos eucariotes desde as hesitantes e provisórias uniões em cooperativas ou as comunidades de procariotes com estilos de vida diferentes, poderemos ver que os seus sistemas de produção, transporte e comunicação bioquímicos ou fisiológicos intracelulares foram inventadas antes da sua fase comunal, assim como aconteceu com alguns sistemas intercelulares. Margulis e Sagan (1995), por exemplo, descrevem os motores de prótons nas membranas de bactérias semelhantes a espiroquetas como se estivessem completos, com anéis, mancais e rotores girando a 15 mil rpm, dirigindo filamentos de proteína fixos (flagelos). Mencionei anteriormente como as bactérias trocam as informações do DNA com um frenesi semelhante ao dos corretores da bolsa no pregão. Algumas movem-se rapidamente, algumas fabricam alimento e todas elas usam a mesma moeda de energia de ATP. Em outras palavras, como no mundo humano de hoje, a tecnologia que possibilita a vida cooperativa precedeu a sua cooperação e união em células nucleadas.

Margulis e Sagan, comentando a evolução bacteriana, dizem: "A evolução não é uma árvore genealógica linear mas a mudança no único ser multidimensional que cresceu a ponto de cobrir toda a superfície da Terra. Esse ser do tamanho do planeta, sensível desde o início, tornou-se mais expansivo e auto-refletivo à medida que evoluía, durante os últimos três mil milhões de anos, desde o equilíbrio termodinâmico" (p. 73). Margulis nos chama de seres humanos, juntamente com fungos, plantas e outro animais — todos feitos das cooperativas bacterianas a que chamamos células eucarióticas — "prodígios notáveis da vida bacteriana". E realmente, agora, é a nossa vez, como seres humanos, de nos transformar num "ser" planetário cooperativo.

Só nos últimos cem anos de toda a nossa evolução como seres humanos fabricantes de ferramentas, criamos a produção, o transporte, as comunicações e as tecnologias monetárias que mudaram o planeta inteiro e que estão nos unindo num novo tipo de hólon planetário. Sem antagonismo, construímos um eficiente sistema mundial de comunicação pelo correio, pelo telefone e por meios eletrônicos; um sistema mundial de transporte aéreo, marítimo e terrestre; um sistema financeiro de câmbio global e um governo mundial rudimentar, hesitante, na forma das Nações Unidas. As nossas corporações multinacionais produzem e distribuem os seus produtos globalmente e trabalhamos continuamente em acordos internacionais de todos os tipos. Ainda assim, dificilmente tínhamos consciência de que estávamos evoluindo nesse hólon — esse corpo global da humanidade que está evoluindo tão naturalmente quanto evoluíram o nosso corpo físico e as células das quais ele é composto.

A falta da consciência biológica sobre nós mesmos como um hólon de espécie dentro de uma holarquia planetária deixou-nos tão concentrados nos nossos conflitos intra-espécie que criamos armas nucleares sem considerá-las um meio de cometer o suicídio da espécie. Nem tampouco estávamos destruindo e poluindo intencionalmente o mesmo ambiente do qual tiramos o nosso alimento quando criamos o nosso estilo de vida industrial. Apenas estamos aprendendo que essas conseqüências da nossa atividade industrial estão ameaçando a nossa sobrevivência de fato. A nova biologia pode nos ajudar a ficar mais conscientes desse processo e mais realistas com relação aos perigos que ele impõe a toda a humanidade pelos seus conflitos e práticas econômicas intra-espécie.

Muitas pessoas têm medo de que as práticas ecológicas ponham a nossa economia em risco — que empregos serão sacrificados por causa de espécies em extinção. É natural, na nossa cultura, pensar dessa maneira: que para algo ou alguém ganhar, algo ou alguém tem de perder. Estamos acostumados à economia de ganhar/perder da nossa cultura industrial e ainda não entendemos o que Hazel Henderson há muito chamou de "economia em que todos ganham" *(win/win economics)*, o tipo demonstrado pela natureza, que nós mesmos devemos adotar se quisermos sobreviver com saúde. A sustentabilidade, na sua essência, tem a ver com essa mudança necessária para uma economia em que todos ganham, a qual não só beneficiaria toda a humanidade como também as outras espécies das quais a vida humana depende.

Conforme eu disse anteriormente, devemos levar de volta a economia ao seu significado original grego de "lei da casa" juntamente com a ecologia como "organização da casa" (veja o Glossário, p. 116) em vez de instigá-las uma contra a outra como se fossem adversárias. Considere os processos biológicos do nosso corpo físico: a sua ecologia é a sua organização — a inter-relação do sistema musculoesquelético, dos sistemas digestivo e perceptivo e assim por diante. A sua economia de consumo de alimento, de produção celular, endócrina, plásmica, etc., de distribuição de materiais e de produtos e a reciclagem e eliminação de dejetos, é regida, ou regulada, pelo sistema nervoso diretor, por intermédio dos sistemas endócrino e sanguíneo. Contanto que o corpo esteja saudável, não há nenhum conflito entre a sua ecologia e a sua economia. Ele pratica uma economia em que todos ganham, em que todas as partes contribuem com o que têm a oferecer e todas as partes se beneficiam igualmente da economia coletiva. Nenhuma parte de um corpo saudável obtém a sua saúde à custa de outras partes; não existem coisas como órgãos ricos e pobres ou partes preferidas.

Nos termos da nossa nova biologia, o nosso corpo e as células eucarióticas de que ele é composto são como ecossistemas maduros cujas negociações competitivas internas estabeleceram a coerência mútua entre todos os hólons das suas holarquias — em linguagem comum, as partes dos todos.

A nossa sociedade humana contemporânea é um teste interessante do modelo evolutivo darwiniano, que orientou a sua organização econômica. Nós pressupomos que o individualismo competitivo, visando os lucros como resultado final, por levar a uma saudável "sobrevivência do mais adaptado", de alguma forma nos beneficiaria a todos. Mas esse modelo leva a uma eliminação cruel de todos, menos dos competidores mais agressivos e daqueles que conseguem garantir a duras penas a própria subsistência adotando papéis não-competitivos ou dando apoio aos mais adaptados. Estamos colhendo agora os efeitos desastrosos desse modelo ao mesmo tempo que as megacorporações florescem à custa de uma mão-de-obra "reduzida" ou substituída pelo trabalho competitivamente mais barato em outras partes do planeta.

A nova biologia nos mostraria que os ecossistemas maduros não evoluem para a sobrevivência exclusiva do mais agressivo e inteligente, como às vezes fazem nas fases iniciais da auto-organização ou quando invadidos por espécies "intrusas" muito agressivas. Ao contrário, eles evoluem para comunidades de apoio mútuo inteligentes e cooperativas, nas quais todas as espécies têm um papel válido e valorizado. Nesse tipo de comunidade, o objetivo final não são os lucros, mas um rendimento útil a outras espécies, numa economia com praticamente cem por cento de reciclagem.

Seria sensato da nossa parte reconsiderarmos por completo a noção de poluição e eliminação do lixo. A natureza baseia-se fundamental e necessariamente na reciclagem. Porque a necessidade de reciclar os nossos produtos humanos, para que não nos matem por sufocação, tornou-se tão urgente, que um ramo da nova ciência biológica está finalmente observando os recicladores da natureza. Calcula-se hoje que sessenta por cento de todas as espécies são "recicladores". Enquanto essa nova ciência se contentar em defender os abutres, os vermes e os micróbios que menosprezamos há tanto tempo, ela está apenas se enganando. O mundo natural não é dividido em produtores e recicladores; todas as espécies são as duas coisas.

Num ecossistema maduro, equilibrado, como acabei de dizer, não existe desperdício, nem poluição, nem remoção de lixo. O princípio da coerência mútua indica que uma espécie saudável só assegura a sua sobrevivência eliminando material de qualidade. "Material de qualidade" é algo útil aos outros. É a nossa cultura industrial, imatura do ponto de vista ecológico/evolucionário, que pensa em termos de dejetos poluentes e remoção do lixo. Mas está ficando cada vez mais evidente que acrescentar mais tecnologia à remoção do lixo aumentando sempre os dejetos é uma batalha perdida e não pode nos levar à sustentabilidade. Em vez disso, conforme aconselha Paul Hawken (1993), temos de voltar à prancheta e recriar todos os nossos produtos de forma que sejam ou consumíveis ou recicláveis. Não é uma questão de proteger o ambiente, diz ele, mas de proteger os negócios. Hawken propõe que, se as empresas que produzem não-consumíveis só tivessem permissão para arrendá-los, em vez de vendê-los, sendo assim responsáveis pelo seu destino com um grande dispêndio, elas bem depressa os reprojetariam para serem recicláveis. O programa The Natural Step, de Karl-Henrik Robèrt, originário da Suécia e agora estendendo-se a outros países, incluindo os Estados Unidos,[14] representa um desenvolvimento posterior dessas idéias.

Os seres humanos não são as primeiras espécies a ameaçar de extinção a própria espécie além de outras, por meio do esgotamento de recursos e da poluição. As antigas bactérias forçaram umas às outras a sobreviver a crises semelhantes reorganizando reiteradas vezes a si mesmas e a seus sistemas vivos. As espécies que vivem hoje só podem existir porque a Terra passou bilhões de anos introduzindo o carbono atmosférico nas florestas e debaixo

14. No Brasil, há um "coordenador", em Araxá (MG), César Levy França; e-mail: cesarlevy@terra.com. (N. do T.)

da terra. O corte e a queimada dessas florestas e dos combustíveis fósseis contraria o sistema do planeta para manter as condições atmosféricas e um clima propício à saúde das suas espécies.

O nosso modo de vida atual é hoje reconhecido como não-sustentável a longo prazo. É o modo de vida de uma espécie imatura, que devora todos os recursos disponíveis, como o mato que ocupa as margens das nossas rodovias ou os terrenos abandonados, onde destruímos os ecossistemas maduros. A produção tecnológica é natural à espécie humana, mas deve ser reavaliada e revisada num contexto de estabelecimento de metas para a sobrevivência saudável. Os ecossistemas maduros podem limpar uma parte considerável da poluição humana, se permanecerem saudáveis e tiverem uma participação cooperativa. As plantas, por exemplo, são capazes de purificar a água poluída de maneiras tão numerosas quanto surpreendentes, até mesmo derramamentos de petróleo, de metais pesados e detritos nucleares (Sahtouris, 1991). Mas a destruição das florestas, das praias, das fontes de água mineral, das terras cultiváveis, dos oceanos, da camada de ozônio, etc., torna quase impossível para a Terra executar essa limpeza.

Aprendemos muito sobre os sistemas vivos e o seu equilíbrio ecológico dinâmico; agora depende de nós trabalhar com a vida pela vida, eliminando o desperdício como um conceito e como uma realidade. Eliminar o desperdício em geral quer dizer principalmente reduzir a nossa interferência nociva sobre o planeta e abandonar o nosso estilo de vida consumista em que nos caracterizamos por acúmulos totalmente desnecessários de bens e mercadorias. Também quer dizer comprometer-se em adotar um comportamento restaurativo e fazer um uso benéfico das fontes de energia renováveis ou permanentes para fazer o que realmente precisamos, conforme Amory Lovins, do Rocky Mountain Institute, demonstrou de forma pioneira que é perfeitamente viável. No Chile, um estudo mostrou que seria possível economizar toda a energia produzida pelas seis novas usinas hidrelétricas planejadas para o rio Bio-Bio se houvesse uma medição eficiente, mas não há praticamente nenhuma possibilidade de deter os processos lucrativos, senão destrutivos de construção das grandes represas de usinas hidrelétricas no mundo inteiro, enquanto não considerarmos a questão da sustentabilidade como um todo sob a perspectiva mais ampla de uma nova biologia planetária.

Se aceitarmos a noção da Terra viva, e o corpo da humanidade como uma parte integrante dela, então não teremos outra escolha a não ser implementar um mundo humano saudável e onde todos ganhem, o que equivale a dizer, um mundo sustentável, uma economia equilibrada de parceiros iguais, conforme Al Gore (1992) entre outros sugere, em vez de uma economia em que algumas nações ou corporações ganham à custa das outras.

Gore reconhece que "qualquer esforço desse tipo também exigirá das nações ricas o empenho de fazer uma transição, que será de certa maneira mais dolorosa do que a do Terceiro Mundo, simplesmente porque serão rompidos importantes padrões estabelecidos [...] as nações desenvolvidas terão de estar dispostas a liderar pelo exemplo; caso contrário, é improvável que o Terceiro Mundo cogite em fazer as mudanças necessárias — mesmo em troca de uma ajuda substancial".

Toda essa efervescência reflete a nossa crescente compreensão dos sistemas vivos. E sob essa luz é interessante considerar a observação feita pelo historiador Arnold Toynbee, depois de estudar 21 civilizações praticamente extintas. Segundo ele, o que elas tiveram em comum foi inflexibilidade sob tensão — a recusa em mudar os preceitos nos quais foram fundadas — e a concentração de riqueza nas mãos de poucos. A nossa civilização global está agora à beira da autodestruição ou da auto-organização numa comunidade saudável e harmoniosa. Não posso imaginar nada que nos ajudasse mais a seguir nessa última direção que a nova biologia que estamos propondo.

HARMAN:

Mais importante, acredito eu, é a "nova história" que essa nova biologia indica. O quadro materialista da nossa origem acidental e evolução fortuita e sem sentido contribuiu para a confusão da sociedade moderna com relação a valores e propósitos supremos.

A questão política mais fundamental do nosso tempo, parece-me, é que imagem da realidade deve orientar a nossa vida e a nossa sociedade, e quem controlará essa imagem.

SAHTOURIS:

Eu estou completamente de acordo, e é claro que eu espero que quem quer que obtenha esse controle seja guiado pelos 4 a 5 bilhões de anos de experiência do nosso planeta na organização de sistemas vivos viáveis. Deixe-me reportar aos princípios de organização que relacionei no final do Capítulo Quatro e também citar trechos da minha discussão sobre ética ecológica (1996), para mostrar o que significaria para a sociedade em geral uma mudança da biologia evolutiva de darwiniana para holárquica. Depois eu gostaria de comparar uma citação do artigo de David Korten, "Economies of Meaning" (1996), para mostrar a sua semelhança com uma proposta orientada que vem surgindo na comunidade empresarial que você conhece tão bem. Eu acredito que isso mostrará claramente que a nova biologia está influenciando outros setores da sociedade antes mesmo de ser estabelecida na ciência!

De minha própria discussão:

> [...] A exploração competitiva dos recursos e da mão-de-obra pelos [empresários] enquanto construíam um universo industrial foi portanto justificada nos fundamentos [darwinianos] como sendo natural [...] uma ética humana comum é o que mais precisamos acima de qualquer outra coisa agora — uma ética para orientar o nosso comportamento com relação uns aos outros e ao mundo natural ao qual pertencemos. A nossa base para essa ética é agora muito diferente já que não vemos mais a natureza apenas como um campo de batalha sangrento onde travamos as nossas lutas competitivas por recursos limitados. A competição é meramente um aspecto da organização criativa da natureza em hólons mutuamente coerentes dentro de holarquias. O que vemos claramente é que a saúde de cada hólon depende da saúde dos hólons maiores no qual eles estão incluídos. Desse modo, cada hólon, ao cuidar de si mesmo, também precisa cooperar com os outros hólons para ajudar a cuidar dos interesses do seu hólon maior.
>
> Este, conforme dissemos, é o coração da ética ecológica — o interesse próprio de cada hólon, seja ele uma célula, um corpo, uma sociedade, uma espécie, um ecossistema ou todo um planeta vivo, equilibrado na coerência mútua do todo e de todas as suas partes. Para nós isso significa reconhecer o quanto afetamos o planeta vivo do qual somos parte e do qual a continuidade da nossa existência depende. Cuidar dos nossos próprios interesses requer que conheçamos os interesses de todo o nosso ambiente, que significa todo o nosso planeta vivo. As nossas escolhas livres, para atender aos nossos próprios interesses de longo prazo, têm que atender também aos das outras espécies, pois o comportamento ético natural é o que contribui à saúde de todo o sistema (Terra).
>
> A nossa história nos levou à miopia [...] à guerra, ao ódio, à desconfiança e à destruição imprudente do nosso próprio ambiente. Temos o antigo e arraigado hábito de acreditar que toda a natureza é propriedade humana, e assim tomamos a terra e os recursos uns dos outros por razões de lucro. Está mais do que na hora de percebermos que a maximização dos lucros individuais minimiza a estabilidade social e o bem-estar humanos, enquanto a maximi-

zação dos lucros comuns destrói o nosso sistema natural de sustentação da vida. Se quisermos sobreviver como espécie teremos de aprender a mudar as nossas idéias e os nossos estilos de vida para viver numa economia de reciclagem equilibrada como o restante da natureza.

Na verdade, está mais do que na hora de percebermos que todos os nossos velhos hábitos e interesses adquiridos, mesmo que eles formem a nossa identidade individual e nacional, devem mudar radicalmente. As mudanças necessárias são mais profundas e de mais longo alcance que qualquer líder revolucionário jamais exigiu ou mesmo sonhou em exigir. E ainda assim podemos fazer essas mudanças pacificamente, e todos sairão ganhando.

O problema é que elas não podem ser feitas sob a mira de uma arma. Precisam ser feitas voluntariamente, e isso talvez seja o mais difícil. A motivação do lucro está tão arraigada na sociedade ocidental, por exemplo, que os cientistas chegam a criticar a natureza com base na idéia de ineficácia improdutiva, sublinhando que as plantas fotossintéticas usam apenas uma pequena fração da energia disponível na luz solar. Será que essas pessoas poderiam aprender a apreciar o fato de que as plantas extraem exatamente a quantidade de energia de que precisam para si e para manter um cuidadoso equilíbrio de troca de energia do ambiente?

[...] Se concordarmos em considerar o comportamento humano ético como aquilo em que acreditamos sinceramente, ao que nos é dado saber, que pode nos manter saudáveis para nós mesmos, para a nossa família, para a nossa espécie e saudáveis ou pelo menos inofensivos para as outras espécies, para o ambiente e para o nosso planeta, então teremos uma bússola.

Agora, vamos comparar como Korten (1996) resume as premissas morais da nossa sociedade corporativa industrial:

— As pessoas, por natureza, são motivadas principalmente pela cobiça.
— O desejo de acumular riqueza material é a expressão mais elevada do que significa ser humano.
— A ação incessante da cobiça e dos ganhos leva a resultados socialmente excelentes.
— Um dos interesses máximos das sociedades humanas é incentivar, respeitar e recompensar esses valores.

[...] essa é a essência dos pressupostos de valor que estão por trás da maioria das teorias de mercado contemporâneas. Infelizmente, as políticas econômicas motivadas por essas premissas morais profundamente destrutivas criam uma profecia autocumprida ao recompensar comportamentos disfuncionais profundamente prejudiciais ao funcionamento saudável das sociedades humanas, conforme vemos agora manifestando-se por toda parte ao nosso redor.

Os nossos modelos de desenvolvimento — e os seus mitos e valores subjacentes — são artefatos das idéias e instituições da era industrial. A corporação e o estado moderno são as pedras angulares dessa era, concentrando volumosos recursos econômicos num número pequeno de instituições de controle centralizado. Eles deram carta branca às tecnologias concentradoras de capital para manter a exploração de recursos naturais e humanos do mundo, de modo que uma pequena minoria no mundo inteiro pudesse consumir muito mais do que a parte legítima que lhe cabe da verdadeira riqueza mundial.

A globalização econômica serviu para aumentar essa exploração dos sistemas social e ambiental da Terra além dos limites da tolerância, ao liberar as corporações itinerantes de restrições ao seu crescimento, à sua capacidade de monopolizar mercados ainda maiores e ao uso do seu poder econômico para obter concessões políticas que lhes permitam repassar para a comunidade uma parcela ainda maior dos seus custos de produção. A globalização tem eximido as corporações e os mercados financeiros da responsabilidade perante qualquer jurisdição ou interesse públicos, contribuído para uma concentração massiva do poder financeiro e recompensado generosamente os que colocam os valores de consumo, a competição e o egoísmo acima de valores como simplicidade, cooperação e partilha.

Não estamos limitados a escolher entre mercados ou governos como os instrumentos da nossa exploração. Nem há necessidade de eliminar os mercados, o comércio, a propriedade privada, o Estado ou até mesmo a instituição da corporação. Ao contrário, é uma questão de criar uma nova arquitetura para cada uma dessas instituições, adequada aos valores que acreditamos que uma boa sociedade deveria encarnar e fomentar. Essa tarefa criativa não pertence nem às corporações nem aos Estados, que são incapazes de questionar os pressupostos nos quais se baseia a legitimidade da sua forma institucional atual. Pertence aos cidadãos — às pessoas cujos interesses e valores a nova arquitetura supostamente deverá servir. São as pessoas e não as corporações ou outros interesses do grande capital que estabelecem satisfatoriamente os termos da ordem do dia econômica e política.

Grupos de cidadãos do mundo inteiro já estão ativamente engajados na criação experimental de economias que buscam significados mais profundos, em sintonia com valores favoráveis à vida. Uma grande quantidade de idéias formadoras tem surgido dessas iniciativas. Por exemplo, milhões de pessoas do movimento voluntário pela simplicidade estão descobrindo que viver bem é mais compensador que a acumulação e o consumo infinitos. Numa sociedade saudável, uma vida de suficiência material e abundância social, cultural, intelectual e espiritual pode ser sustentada prontamente em equilíbrio com o ambiente.

Outras pessoas estão aprendendo que existem alternativas para uma economia global que inerentemente alimenta a desigualdade e a competição global entre as pessoas e entre as comunidades locais. Elas demonstram tais possibilidades criando economias locais fortes e independentes que estabelecem a administração e a propriedade de recursos em comunidades governadas democraticamente e reconhecem que todas as pessoas têm direito de acesso aos meios básicos de ganhar seu sustento. Essas economias são um fundamento essencial de sociedades saudáveis capazes de se engajar em intercâmbios cooperativos e amigáveis com os seus vizinhos.

Essas são lições com grandes implicações para uma política que busca significados mais profundos do que os já estabelecidos. Em grande medida, as sociedades expressam e sustentam os seus valores culturais pela escolha das estruturas econômicas. O fato de que o nosso sistema econômico atual valoriza e recompensa a cobiça, a gula e o descaso pelas necessidades dos outros não surgiu por acaso. Ele é uma conseqüência de opções conscientes — por mais mal-informadas que possam ser. Está igualmente dentro do nosso alcance criar um sistema globalizado de economias localizadas que prosperem segundo os valores de valorização da vida tais como a suficiência, a preocupação com os outros, a cooperação e o respeito à vida. Trata-se de uma questão de fazer uma escolha política coletiva, satisfatoriamente informada.

É interessante notar que várias culturas não-industrializadas há muito cultivam valores e propósitos coerentes com a compreensão profunda dos sistemas vivos. Muitas delas eram sustentáveis há milhares de anos até que os agressivos fundadores de impérios, mais recentemente conhecidos como colonialistas, as destruíram. Na natureza isso pode acontecer com a introdução repentina de uma espécie predadora intrusa, como a árvore do eucalipto ou os fungos que exterminaram as árvores norte-americanas do castanheiro e do olmo. Isso também pode ser equiparado à fase das antigas bactérias imediatamente antes da formação das células nucleadas.

Nessa época, conta-nos Margulis, as bactérias aeróbias, relativamente rápidas e com muita energia, que tinham evoluído em resposta à produção maciça de oxigênio pelas bactérias fotossintetizantes, haviam ficado sem alimento disponível na forma de açúcares e ácidos naturais. Movidas pela compulsão, elas invadiram as bactérias de fermentação maiores e mais lentas e as "comeram" de dentro para fora, enquanto os seus números se multiplicavam dentro dos "anfitriões" colonizados, ampliando as membranas celulares até atingir proporções enormes.

Esse "imperialismo bacteriano", como o chamei, deve ter chegado a um beco sem saída quando os recursos coloniais se acabaram. Mas também estabeleceu o cenário para as bactérias viverem dentro dos corpos umas das outras, o que possibilitou a mudança inteligente para uma divisão de trabalho cooperativa. Por exemplo, as bactérias aeróbias sob a forma de espiroquetas podiam prender-se do lado de fora do hospedeiro comunal e empurrá-lo para águas iluminadas pelo sol, onde as fotossintetizantes, levadas a bordo, por assim dizer, podiam produzir alimento para o empreendimento inteiro. As integrantes espiroquetas dessa comunidade evoluíram em cílios; as fotossintetizantes em cloroplastos; e assim por diante — cada integrante contribuindo com parte do seu DNA, conforme dissemos, para o núcleo em evolução onde todos poderiam utilizá-lo.

Aqui cabe um aparte interessante: só alguns anos atrás um Prêmio Nobel foi atribuído pela descoberta da "informação incoerente" ou do "refugo" do DNA — rótulos não mais usados depois que os microbiologistas descobriram as funções do que até então era misterioso. A natureza não desperdiça nada, até onde vejo. O termo "refugo" é impróprio, exceto quando os humanos produzem materiais não-recicláveis. Até agora, ainda não acredito que entendamos inteiramente o DNA. Se ele de fato revelar que não é mais que um código para seqüências de aminoácidos e proteínas, então ele não pode responder mais pela organização de um corpo do que uma loja cheia de fios de lã pela confecção de um suéter. No nível celular, Bruce Lipton (1995) acha que a membrana celular desempenha um papel muito maior na tomada de decisões e na execução de funções na célula, incluindo o modo pelo qual o DNA é usado, do que o próprio DNA. Ele também mostra que os antigos eucariotes (às vezes ainda chamados protozoários, embora Margulis insista em dizer que não existe nenhuma planta ou animal unicelular) evoluíram todos os sistemas fisiológicos presentes nos seres humanos: digestivo, respiratório, excretório, tegumentar, reprodutivo, cardiovascular, musculoesquelético, até mesmo os sistemas imunológico e nervoso e, assim como Margulis, ele os considera perceptivos ou conscientes. Isso é muito relevante na nossa nova biologia, o que nos força a examinar de imediato todos os níveis de um hólon e as suas holarquias.

Lembre-se da minha explicação de como a natureza encontra o equilíbrio entre o interesse próprio e o interessa além do eu, como por exemplo nas nossas próprias células corporais, cada uma das quais é um hólon pela sua própria natureza como também parte de hólons maiores na holarquia do corpo. Cada célula contém a informação genética completa do corpo inteiro, e assim tem acesso a ele caso mudanças sejam necessárias. E cada biblioteca de recursos genéticos do núcleo pode ela própria ser considerada uma holarquia de hólons, em sua organização, representando interesses em todos os níveis, desde o corpo como um todo até cada uma das células. Isso é especulativo, no entanto sabemos que o nosso corpo inteiro é clonado de uma única célula e que cada célula "liga" os genes que interessam à sua organização e trabalho particulares. Em certo sentido, as informações pertinentes à holarquia inteira, da célula ao órgão, aos níveis de organização do sistema de órgãos e do corpo, devem estar presentes nessa primeira célula fértil, talvez como um campo de alta freqüência que seja um aspecto da membrana, o DNA e outras partes juntas. Esse campo se expande quando novos sucessores dessa célula são clonados? Cada nova célula carrega o seu próprio campo? Ou ambas as coisas acontecem simultaneamente, como parece fazer mais sentido — tanto os hólons quanto as holarquias têm aspectos de campo.

Sabemos que há comunicação e intercâmbio entre as células vizinhas do corpo e que são trocados materiais e informações entre as células e as partes mais distantes do corpo. Esse sistema inteiro desdobrou-se durante o desenvolvimento embrionário de tal modo que cada nível da holarquia fisiológica, da célula até o corpo, cuida dos seus interesses, e assim eles são impulsionados ou atraídos para a cooperação que eu chamo de "coerência mútua". Vamos considerar a relevância social de tudo isso. Conforme um ancião indígena mechica chamado Xilonen Garcia me disse uma vez: "Qualquer um que saiba cuidar de uma casa sabe cuidar do mundo." Eu acho que poderíamos reformular a frase da seguinte maneira: qualquer um que compreenda os princípios dos sistemas vivos pode aplicá-los a hólons de todos os tamanhos, incluindo as famílias humanas, as nações ou o mundo humano inteiro.

Se todas as células de um órgão trabalhassem segundo o seu interesse próprio, mas o órgão como um hólon não fizesse o mesmo, as células poderiam competir umas com as outras até a morte. Certamente elas se desorganizariam a ponto de não haver mais órgão nenhum funcionando. No mesmo sentido, uma sociedade em que as pessoas cuidassem apenas dos seus próprios interesses, porque não lhe pediram, e elas não se ofereceram, para fazer alguma coisa no interesse da sociedade coletiva, sem dúvida não poderia ser uma sociedade democrática. Os governos democráticos são instituídos para administrar os interesses públicos, cuidar de obras e instituições públicas, limitar o livre-comércio e taxar alguns dos seus lucros para atender às necessidades da sociedade. Mas se as pessoas não exigirem que o governo se responsabilize pela sociedade inteira, interesses particulares, como grandes corporações que colocam os lucros à frente das pessoas, passarão a ter uma influência excessiva, como vemos agora.

Considere a situação inversa — em que o órgão ou a sociedade é um hólon tão poderoso que pode exigir a abnegação total das suas células ou pessoas para servir aos seus interesses. As células ou as pessoas assim escravizadas já não seriam indivíduos pela sua própria natureza. Os escritores de ficção científica tentaram imaginar os seres humanos como participantes robotizados de uma sociedade mecânica ditatorial, mas as pessoas de verdade resistem a se tornar "dentes de engrenagem", e param de funcionar bem. É por isso que os países comunistas fracassaram, como na União Soviética, ou descobriram que tinham de dar às pessoas alguma oportunidade de trabalhar segundo os seus próprios interesses se fosse para que a sociedade sobrevivesse, como no caso da China.

A questão é que nem o individualismo do capitalismo nem o coletivismo do comunismo são suficientes para servir como única base de uma sociedade. Ao contrário, temos de nos inspirar nas pistas dadas pela natureza e organizar as nossas sociedades de acordo com os princípios dos sistemas vivos, com esforços contínuos para atingir a coerência mútua de hólons em holarquia. (Margaret Wheatley, 1996, defende essa opinião eloqüentemente.)

O corpo da humanidade ainda não conseguiu desenvolver o governo mundial verdadeiramente imparcial e cooperativo de que precisa para coordenar os seus interesses como um todo. Considerando outra vez a evolução, reconhecemos que deve ter havido vários passos na transição dos procariotes para os eucariotes, enquanto a competição entre indivíduos abria caminho para a sua cooperação como parceiros de um novo todo. Sabemos que dois dos passos mais importantes foram a formação do núcleo a partir do DNA das várias bactérias que viviam dentro da mesma parede celular — o núcleo que poderia organizar as informações necessárias para executar as atividades do todo e a formação da parede celular mais complexa, com a sua regulagem ativa, inteligente, de tudo que entrava e saía da célula. O mesmo passo foi dado quando formou-se o sistema nervoso em animais pluricelulares que tinham evoluído de colônias de protistas nas quais as diferentes células integrantes faziam trabalhos diferentes.

Algo dessa espécie está sem dúvida acontecendo à medida que o corpo da humanidade luta para formar a sua nova identidade. Desde o fim da Primeira Guerra Mundial, as nações têm reconhecido a necessidade de algum tipo de organização para processar as informações complexas e coordenar e equilibrar os interesses nacionais e internacionais. A Liga das Nações nasceu, depois a Organização das Nações Unidas. Embora a ONU tenha realizado muita coisa no interesse de promover a paz e programas de desenvolvimento e assistência, os interesses competitivos das nações integrantes ainda dominam em assuntos importantes, limitando os seus poderes e muitas vezes impedindo o funcionando normal da própria ONU.

O surgimento oficial na ONU das ONGs — organizações não-governamentais, muitas das quais formadas de pessoas comuns — representa um progresso interessante. Ainda não se sabe se elas serão incorporadas à estrutura atual da ONU à medida que ela é reformada, ou se elas se organizarão por si mesmas como um tipo de ONU paralela, e a história resolverá qual delas vai se tornar a organização principal. Um governo mundial, se seguir o padrão da evolução biológica, não será autocrático nem autoritário, mas irá se tornar um governo mundial a serviço das necessidades e do bem-estar do corpo da humanidade, assim como faz o nosso próprio sistema nervoso. Se queremos que a nossa civilização humana sobreviva, não temos outra escolha a não ser resolver esse problema o quanto antes, concluindo a nossa evolução num corpo mundial de humanidade com um sistema de coordenação funcional. Outros aspectos da nossa globalização contínua são as viagens e os transportes aéreos, o sistema postal, as telecomunicações (incluindo a Internet), o Hague (o Tribunal Internacional de Arbitragem) e os vários acordos globais.

HARMAN:

Estou plenamente de acordo. Apenas para acrescentar outro ponto de vista, deixe-me fazer uma breve citação de *Building a Win-Win World*[15], de Hazel Henderson (1996):

> Hoje, as forças mais dinâmicas e criativas que tratam dos problemas planetários da pobreza, da injustiça social, da poluição, do esgotamento de recursos, da violência e da guerra são os movimentos de cidadãos comuns. O globalismo dos cidadãos comuns está [...] surgindo como um terceiro setor independente em interesses mundiais — desafiando a dominação das agendas globais de Estados nacionais e empresas transnacionais. A sociedade civil global, recentemente interligada pela Internet e por milhões de boletins informativos, está cada vez mais motivando as agendas de nações e corporações. [...]
>
> O surgimento das organizações civis é um dos fenômenos mais notáveis do século XX [...] a pressão sobre países-membros [das Nações Unidas], exercida por ONGs tanto no Norte quanto no Sul, resultou numa série de conferências *ad hoc* [...] [as quais] remontaram a 25 anos de esforços para alavancar o curso do desenvolvimento econômico para novos valores: a sustentabilidade ecológica, a redução da pobreza e o reconhecimento do papel fundamental que as mulheres desempenham na produção primária do alimento do mundo, na educação dos filhos e na proteção ao ambiente.

SAHTOURIS:

Esse é realmente um avanço muito importante, e nos dá esperança de que nenhum governo obsoleto e de difícil controle, nem corporações comandadas pela ganância poderão governar os povos do mundo se eles despertarem para o poder que têm de mudar as coisas.

Observemos alguns exemplos históricos de sistemas sociais sustentáveis que funcionaram segundo os princípios de hólons saudáveis e ver o que foi feito deles. As comunidades da época pré-industrial eram normalmente pequenas e bem integradas aos ecossistemas ou biorregiões. Muitas delas foram capazes de se manter num bom equilíbrio ecológico e social durante sé-

15. *Construindo um Mundo onde Todos Ganhem*, publicado pela Editora Cultrix, SP, 1998.

culos e até mesmo milênios. O seu funcionamento era semelhante ao de células e corpos, com divisões de trabalho e suas várias partes contribuindo mutuamente para o bem-estar de todos.

Sarah James, na Conferência das Nações Unidas sobre Meio Ambiente e Desenvolvimento, no Rio de Janeiro em 1992, descreveu como era a sua aldeia habitada pela cultura índia Gwich'in do extremo-norte do Alasca antes do contato com o homem branco. A relação do povo dela com o caribu era sagrada e eles agradeciam a esse animal maravilhoso que lhes dava tudo de que precisavam: comida, casas feitas de ossos e peles, barcos, calçados de andar na neve, utensílios domésticos, ferramentas, roupas, tambores, flautas e objetos de ritual sagrados. A vida desse povo era intensa e significativa — com a família e a comunidade, casas e roupas acolhedoras e aquecidas, comida abundante, tinham muito tempo para cerimônias, música, dança, contar histórias e rir, com muitos motivos para comemorar e dar graças pela vida generosa. Mas quando o homem branco se aproximou deles, só viram pessoas vivendo numa temperatura de 40 graus abaixo de zero, tendo apenas o caribu para lhes fornecer o alimento "escasso". Ele os chamou de pobres "selvagens". Sarah conta com que paixão bate no seu tambor de pele de caribu: "Bem, então vamos manter o Alasca *selvagem!*"

O que Sarah fez foi uma afirmação inquestionável sobre a sua preferência pela vida tradicional de simplicidade à oferecida pelo mundo moderno, que levou ao seu povo a verdadeira pobreza, junto com as dependências terríveis como dívidas, alcoolismo e o hábito de cheirar cola, que destruiu o cérebro do próprio filho dela. Ela também estava defendendo a opinião de que a riqueza é uma questão de percepção e de prioridades.

Helena Norberg Hodge (1991) documentou algumas das últimas comunidades saudáveis desse tipo em Ladakh, no estéril "Pequeno Tibete", situado nos picos elevados da Caxemira, uma das regiões mais inóspitas da Terra, onde esse povo viveu isolado até a recente década de 1970. Ela mostra como essas culturas foram se desmantelando sistematicamente ao serem introduzidas na economia mundial.

As prósperas e sustentáveis comunidades camponesas de Ladakh tinham as casas de três andares pintadas de branco, belos mosteiros, campos de trigo e jardins irrigados, rebanhos de animais, festivais em que exibiam a sua música, arte dramática, brocados e prata, colheitas suficientes para manter o seu povo em boa saúde e nenhuma pobreza. Os budistas e muçulmanos conviviam pacificamente nessas comunidades, com a sua intensa espiritualidade e os seus valores austeros. Ainda assim, apesar das propriedades e do bem-estar consideráveis que ela descreveu, a economia de escambo dessas comunidades não representavam nada no PIB do país. Só quando a economia de escambo foi arruinada pela afluência do mundo comercial moderno e os homens deixaram essas comunidades para trabalhar por uma ninharia nas cidades é que o PIB subiu. Ironicamente, a situação das pessoas não melhorou.

Como eles persuadiram os homens a deixar a beleza espiritual, a harmonia comunal e a generosidade material das aldeias para viver no meio urbano poluído, congestionado? Como em outras partes do mundo, foram construídas estradas e as pessoas foram motivadas a deixar de produzir o próprio alimento e mercadorias, e a se fartar de cereais subsidiados e outros bens importados baratos. Motocicletas, televisores e vídeos repletos de armas, garotas e imagens da afluência desocupada do "mundo moderno" começaram a corroer a economia e os valores. Disseram às pessoas que elas eram atrasadas, que a modernização traria grandes benefícios. Por causa do influxo dos cereais inicialmente subsidiados, os campos foram abandonados; nas escolas, as crianças eram sistematicamente doutrinadas nos valores da economia de mercado e da importância do desenvolvimento industrial. Em Ladakh, a espiral social descendente aconteceu numa única geração.

Na Europa, na África, na Ásia, na Austrália e nas Américas, o processo iniciou-se bem antes, mas foi essencialmente o mesmo. A maioria dos povos dessas comunidades, antigamente com uma vida saudável, acabou pobre ou indigente na terra estéril ou em favelas urbanas. Eles tornaram-se parte de uma economia mundial em que servem como mão-de-obra barata e escoadouros do mercado quando têm sorte. Cada vez mais, eles perdem até mesmo esses magros benefícios, vivendo na mais amarga pobreza em favelas urbanas enormes, passando a vida toda à beira da fome, muitos nem alcançando a maioridade. De acordo com o futurista mundial Rashmi Mayur e com vários documentários de televisão, em Bangladesh e na Índia, muitos milhões de crianças com menos de 10 anos de idade são mantidas em trabalho escravo por até 19 horas ao dia, 7 dias por semana, em fábricas que produzem mercadorias para exportação para os Estados Unidos.

Em 1994, uma reportagem de capa, da autoria de Robert Kaplan, na revista *Atlantic Monthly* documentou a realidade devastadora desse processo no mundo inteiro. Kaplan mostra que, para acreditar que tudo no mundo vai bem, é preciso ignorar três quartos do planeta. Se encararmos essa situação realisticamente, teremos certeza de que ela é tão insustentável que está nos levando à possível extinção e à completa miséria. Na verdade, estamos na mesma situação desesperada a que o antigo colonialismo bacteriano chegou, no entanto podemos nos inspirar na solução que as bactérias encontraram, de cooperativas de células nucleadas que sobreviveram e floresceram desde uns 2 bilhões de anos até hoje em inumeráveis formas evoluídas. Elas são tão sustentáveis que nenhum outro tipo de célula jamais conseguiu substituí-las. As mesmas soluções cooperativas que elas encontraram, sem contar com a vantagem de ter um cérebro, estão agora à nossa disposição.

Um mundo sustentável tem de ser baseado numa compreensão do que seja sustentabilidade. À medida que as nações tornam-se cada vez mais desautorizadas, e a maioria das nossas empresas transnacionais ficam cada vez mais desumanas, seria mais sensato que nos víssemos novamente como sistemas vivos dentro de biorregiões vivas e com limites naturais, assim como as bacias hidrográficas.

Num mundo organizado em biorregiões, poderiam ser usadas as várias formas de permacultura[16] cientificamente integradas, derivadas da agricultura indígena e tradicional junto com uma tecnologia adequada a outros aspectos da vida, das comunicações à habitação, atendimento médico, etc. A produção local atenderia todas as necessidades possíveis quanto a alimentação e a outros bens e mercadorias, com importações determinadas por discussões democráticas. A comunidade voltaria naturalmente a ser vital nessas circunstâncias e a cultura local floresceria, sendo ao mesmo tempo um instrumento de intercâmbio com outras regiões.

As áreas urbanas ainda serão vantajosas e necessárias para a produção tecnológica eficiente e outras atividades e instituições, como institutos de pesquisa, cujas informações e conhecimento poderiam ser informatizados e disponíveis a todos. Muitas pessoas estão trabalhando em projetos urbanos sustentáveis que integram jardins e usam energia e transportes públicos limpos e eficientes. Curitiba, uma cidade de mais de 1,5 milhão de habitantes, foi recentemente destacada pela revista *Scientific American* pelo seu bem-sucedido "Projeto Natureza" (Rabinovitch, 1996), implementado pelo seu ex-prefeito Jaime Lerner, um homem com grande visão do futuro, quando a cidade era muito menor. Curitiba é parcialmente construída sobre terras de aluvião drenadas e recuperadas que foram restauradas por um projeto ecológico correto, que também serve para o controle de inundações. A cidade planejou o seu próprio crescimento, que foi rápido mas não esmagador, como em outras cidades do seu tamanho. Curitiba tem um sistema de transporte público razoável, relativamente de baixa tecnologia, que eliminou satisfatoriamente os engarrafamentos; muitas ciclovias e parques; instalações recreativas e recursos de lazer; muitos conjuntos residenciais para famílias de baixa renda; uma área verde ampla com relação à população; taxas

16. Permacultura é a criação de comunidades humanas sustentáveis, segundo uma filosofia de uso da terra, incluindo estudos dos microclimas, plantas anuais e perenes, animais, solos, manejo da água e as necessidades humanas em uma teia organizada de comunidades produtivas. (N. do T.)

para o lixo residencial; reciclagem; programas para a infância, incluindo recursos à infância ameaçada e empregos de meio período para os jovens, um sistema único de incentivos ao comportamento positivo dos cidadãos; e uma Universidade Ambiental gratuita. A *Scientific American* informou: "Essas inovações, que confiam nas abordagens de participação pública e de valorização do trabalho em vez de na mecanização e no investimento de grande capital, reduziram os custos e aumentaram a eficácia da administração dos detritos sólidos da cidade. Elas também contribuíram para preservar os recursos, embelezar a cidade e criar empregos." Embora nem todos os problemas de Curitiba tenham sido resolvidos, a cidade deu alguns dos passos mais significativos do mundo na direção da sustentabilidade urbana.

Enquanto as antigas bactérias evoluíam como protistas, deve ter havido muito mais fracassos que sucessos, ocasiões em que a exploração incessante e a hostilidade entre as bactérias, multiplicando-se dentro de uma única parede celular, levaram à destruição de todo o empreendimento. Talvez Curitiba seja o primeiro equivalente de uma célula nucleada bem-sucedida. Mas o corpo da humanidade requer organização nas maiores dimensões da escala global e os seres humanos podem não suportar um fracasso nesse nível, porque temos só uma chance. A parede celular comum que nos une é o limite do nosso planeta. Se compreendermos a nova biologia e a pressão evolutiva que hoje nos impele a completar a organização desse novo corpo, poderemos realizar a tarefa de maneira consciente e com rapidez.

Algumas das minhas melhores idéias nesse sentido partiram de fora do paradigma científico ocidental, de vários cientistas indígenas e de povos indígenas que seguem outras orientações de vida. Os povos indígenas têm a nos ofertar um conhecimento de valor inestimável. O meu amigo dr. Greg Cahete, da linhagem Tewa, de Santa Clara Pueblo, no Novo México, autor de *Look to the Mountain: an Ecology of Indigenous Education* (1994), assinala que o homem branco isola partes da natureza em laboratórios para estudá-las porque a finalidade dele é controlá-las, enquanto o cientista indígena sai na natureza para estudá-la porque a finalidade dele é integrar-se harmoniosamente com ela. Só na própria natureza, onde os fenômenos em estudo não são arrancados do seu contexto, é que é possível entender o inter-relacionamento vital das partes ou aspectos da natureza. Os nossos cientistas agora entendem intelectualmente a natureza participativa do universo, mas os cientistas indígenas praticam conscientemente a participação num universo de muitos níveis, sem abrir mão dos seus princípios para fazer uma boa ciência. A ciência ocidental teve muito êxito no desenvolvimento da tecnologia, embora muitas vezes de modos inadequados, porque não foi uma boa ciência para a nossa sobrevivência biológica. A melhor ciência para essa finalidade é a ciência indígena, com a sua compreensão da consciência como um aspecto inerente a toda a natureza, e com o seu conhecimento, os seus métodos e a sua sabedoria ecológica. Com a cooperação entre as culturas indígena e industrial, poderíamos desenvolver uma ciência mais ampla para beneficiar toda a humanidade.

HARMAN:

Eu acho que isso está correto. É muito interessante que o reconhecimento da necessidade de uma nova epistemologia nos faça enveredar pelos mesmos caminhos que o respeito pelo conhecimento dos povos indígenas.

SAHTOURIS:

Onde, então, podemos depositar as nossas esperanças? A melhor pista que eu conheço está no símbolo mais marcante da nossa época, que tocou o coração e a mente de todos os seres humanos que o viram: a singular e incrivelmente bela imagem do nosso planeta Terra vivo. Ela sem dúvida nenhuma não é um conjunto de componentes mecânicos; vista do espaço, não resta dúvida de que a sua geologia e a sua biologia são inseparáveis, e se pudéssemos acelerar a sua história pela nossa escala cronológica humana, veríamos nitidamente que ela é viva. Além disso, de acordo com os nossos argumentos com relação à nova biologia de todo o universo, incluindo o nosso planeta, ela é bem consciente também.

Essa nova biologia que discutimos é uma biologia orgânica que aceita uma realidade feita de muitos níveis, em que a consciência e a inteligência não são apenas áreas legítimas de pesquisa mas aspectos fundamentais da sua estrutura epistemológica e ontológica. Vimos os reflexos dessa biologia nas antigas ciências orientais e indígenas, e mostramos como ela poderia preencher a lacuna histórica entre a ciência e a espiritualidade ao reconhecer toda a natureza e o cosmo como entidades vivas e sagradas, e as implicações profundas que teria o fato de colocarmos os sistemas humanos em harmonia com o todo maior no qual eles estão incluídos.

HARMAN:

É uma observação instigante essa de que as únicas sociedades que, a nosso ver, aprenderam a ser bem-sucedidas e sustentáveis a longo prazo são as que costumávamos classificar como “primitivas”.

SAHTOURIS:

Sem dúvida nenhuma. Na verdade, é bem instrutivo observar a agricultura moderna como um exemplo de prática humana que está em conflito com os princípios dos sistemas vivos e compará-la com algumas das maneiras como a agricultura foi praticada pelos povos indígenas. A nossa agricultura de alta tecnologia, dependente do combustível fóssil, está em crise porque não conseguimos entender a natureza dos sistemas vivos sustentáveis, conforme o Banco Mundial e outros investidores começam a entender agora. Em muitas partes do mundo, as safras de monoculturas geneticamente modificadas, que tinham como objetivo resolver a fome mundial, criaram desastres ecológicos como a poluição do solo e da água, a erosão da terra, além de doenças e mortes de seres humanos em conseqüência do uso de substâncias químicas. Enquanto obtêm-se grandes lucros com elas e o mundo afluente pode comer alimentos de qualquer lugar do mundo durante o ano todo, a terra cultivável está sendo destruída e erodida num ritmo assustador pelos métodos não-sustentáveis e as populações não-afluentes famintas crescem rapidamente.

A biodiversidade é essencial em todos os sistemas vivos. A monocultura é tão destrutiva e perigosa na agricultura como nos sistemas sociais humanos. O físico Vandana Shiva (1988) documentou a Revolução Verde na Índia, localizando a origem do desenvolvimento da agricultura dependente de nitratos na necessidade de manter a produção e os lucros das fábricas de explosivos à base de nitrato, depois da Segunda Guerra Mundial. As colheitas dependentes de nitratos foram criadas deliberadamente para a tão sedutoramente apregoada Revolução Verde. As estatísticas dessa agricultura de alta tecnologia mostraram então com precisão um rendimento de arroz por hectare superior ao dos métodos tradicionais, mas as medidas eram enganosas porque ignoravam o fato de que esses mesmos hectares antigamente produziam não só arroz mas também peixes, porcos, legumes, frutas, fertilizantes e palha para cobertura de raízes, antes da introdução de substâncias químicas no solo e na água, que não só permaneciam saudáveis como melhoravam com o passar do tempo. Em contraste, os campos da Revolução Verde em vastas áreas da Índia tornaram-se desertos salgados e a situação chegou a tal ponto que até mesmo o Banco Mundial, que financiara muitos deles, reconheceu depois que haviam criado desertos com o intuito de produzir jardins.

Quase não há necessidade de acrescentar que a nossa produção de carne é igualmente destrutiva e perigosa, para não dizer sumamente cruel. O câncer em galinhas, a encefalopatia bovina e doenças e mortes de seres humanos em razão de vários patógenos que infestam a carne têm representado um custo elevado para a humanidade.

Não obstante, a agricultura de alta tecnologia continua sendo subsidiada pelo governo e é justificada por enganosas "histórias de sucesso", como aquela de que um fazendeiro norte-americano da virada do século XIX só podia alimentar quatro pessoas, ao passo que, no final do século XX, um único fazendeiro pode alimentar de setenta a oitenta pessoas. Essa distorção estatística ignora flagrantemente o exército de pessoas e recursos que produzem os herbicidas químicos, os pesticidas e os fertilizantes, o maquinário pesado rapidamente obsoleto, os combustíveis e os sistemas de irrigação, e as sementes estéreis geneticamente modificadas, que precisam ser compradas anualmente. Na verdade, o fazendeiro natural naquela virada do século produzia dez calorias de energia alimentícia para cada caloria de energia que entrava e mantinha a sua terra e o seu lençol de água saudáveis, enquanto o fazendeiro atual põe dez calorias de energia na fazenda dele para cada caloria de alimento que produz. Enquanto isso, a terra dele é cada vez mais empobrecida, destruindo assim a própria base do seu sustento. É preciso ver que a agricultura de alta tecnologia é extremamente ineficiente, desperdiça energia e põe em risco a saúde das nossas espécies, para não mencionar muitos outros perigos que ela representa, pelas suas colheitas envenenadas, pela destruição dos solos e a poluição mortal dos rios e das águas do oceano.

Também argumenta-se que a agricultura de alta tecnologia é necessária para produzir o volume total de alimentos necessário às populações de hoje. O caso já mencionado da Índia desmente isso, assim como os índices de produção das técnicas tradicionais que voltaram a ser usadas. Nas Filipinas, um dos países onde as técnicas da Revolução Verde de alta tecnologia foram introduzidas, foram restabelecidos os métodos orgânicos tradicionais de plantio de arroz, que se mostraram superiores em quantidade de produção. A permacultura natural intensiva de Bill Mollison, que aproveitou muitos conhecimentos indígenas e tradicionais, é hoje ensinada em mais de setenta países e é extremamente bem-sucedida, assim como as agriculturas orgânicas concentradas intensivas e outras na França, que criam ecossistemas auto-restabelecidos e equilibrados com produtividade elevada.

Um século atrás, um agrônomo britânico visitou a Índia para ver como poderia aconselhar melhor os fazendeiros indianos para que melhorassem os seus métodos agrícolas. A conclusão dele, relatada na revista *The Ecologist*, foi a de que os fazendeiros indianos tradicionais tinham mais a oferecer aos fazendeiros ingleses em matéria de conselhos, pelo muito que conheciam sobre a composição e a saúde do solo, o controle de pragas, a administração hídrica, a produção de colheitas e todos os outros aspectos da agricultura. Muito bem informados e produtivos, eles só não tinham êxito quando não tinham acesso aos recursos naturais.

O surpreendente desenvolvimento agrícola e os métodos ecologicamente sadios dos Andes incas e pré-incas superaram os de qualquer outra cultura da história. A maior parte dos alimentos produzidos no mundo hoje é derivada da ciência agrícola andina (considere o milho, as batatas e os grãos do amaranto para começar). As ciências genéticas, agrícolas e ambientais andinas, se praticadas no mundo todo, poderiam fazer bem a diferença entre a sobrevivência ou a extinção da nossa espécie humana durante as próximas décadas. Em 1993, numa conferência do Fundo Monetário Internacional em Washington D.C., Oswaldo Rivera e Alan Kolata fizeram uma palestra sobre o restabelecimento da antiga (400–1000 d.C.) *waru waru* pré-inca, uma agricultura do tipo *chinampa*,[17] no lago Titicaca, no planalto do Peru e da Bolívia. Depois dessa palestra, interessei-me em conhecer de perto esse sistema para ver como ele aumentou em apenas cinco anos, a produção anual local de 2,5 toneladas por hectare para 40 toneladas, sem fertilizantes químicos nem pesticidas e exigindo apenas o trabalho de deixar passar a água por portões de eclusas para irrigar fossos cavados na terra e plantando sementes sem arar. Nesse sistema, a natureza cria os seus próprios fertilizantes, os canais tornam-se reservatórios nutritivos de nitrogênio e fósforo graças à colonização por peixes, pássaros e plantas aquáticas. A irrigação automática do sistema também possibilita o controle climático, que impede o congelamento das colheitas. As safras habituais eram compostas de varios tipos de batata, de cereal (incluindo milho, quinoa e outro grãos de amaranto) e de legume. Agora o trigo de inverno, a cevada, a aveia, o nabo e outras hortaliças foram acrescentados — até a alface, a uma altitude de 4 mil metros.

Embora alguns poucos livros e documentários ocasionais em emissoras de televisão públicas documentem esses sucessos, quase nada é feito para converter a agricultura de alta tecnologia numa agricultura orgânica menos destrutiva, mais eficiente e menos dispendiosa. A agroindústria e os bancos do desenvolvimento investiram tanto nos lucros a curto prazo desse sistema ininteligente, destrutivo, que estão ainda aparentemente cegos às suas conseqüências a longo prazo. A esperança de que novidades tecnológicas possam resolver os problemas decorrentes da tecnologia está profundamente arraigada na cultura ocidental e a idéia de voltar a métodos mais antigos representa um anátema para as pessoas voltadas para a tecnologia. Ainda assim, alguns países europeus, como a Dinamarca e a Holanda, hoje já estão proibindo o uso de substâncias químicas, treinando profissionais em assistência agropecuária para dar mais tempo livre aos fazendeiros e imple-

---

17. *Chinampas*, jangadas com terra humosa em que eram feitas plantações desde os astecas. (N. do T.)

mentando outras práticas saudáveis baseadas na agricultura tradicional e "atualizadas" por meio da tecnologia adequada. Só nos resta esperar que a difusão do conhecimento sobre a biologia holárquica leve a métodos mais sustentáveis para a produção dos nossos indispensáveis suprimentos alimentares.

HARMAN:

Você tem razão, esse foi um bom exemplo. Outro exemplo dos métodos da sociedade moderna que estão em conflito com os princípios do sistema vivo é a própria indústria.

Uma das histórias mais extraordinárias que resultaram da controvérsia sobre a sustentabilidade é a de Karl-Henrik Robèrt, criador do programa The Natural Step, que você mencionou anteriormente. Um notável pesquisador do câncer, o dr. Robèrt começa o seu conhecimento com a biologia celular, porque ela é a base para todas as formas de vida exceto as mais minúsculas. As células cresceram e evoluíram ao longo de bilhões de anos por meio de ciclos auto-sustentados em que todo desperdício era constantemente reciclado para outras formas de vida. As unidades de produção primárias são as células das plantas verdes, que realizam a fotossíntese. Elas são excepcionais na sua capacidade de sintetizar mais estruturas do que é decomposto em qualquer outro lugar da biosfera. Isso gera uma demanda geral de produção nos ciclos da natureza como também nas nossas sociedades: os dejetos devem ser renovados para a fotossíntese, ou reciclados na sociedade, ou armazenados em depósitos permanentes.

As toxinas da natureza evoluíram ao longo de milhares a milhões de anos como uma parte de ciclos complexos, cíclicos, revigorantes. Eles não interrompem o padrão cíclico de crescimento, morte e evolução. Por outro lado, os nossos venenos, toxinas e agentes químicos artificiais, além dos detritos nucleares, não têm o mesmo histórico. Eles não podem ser absorvidos e incorporados pelos processos metabólicos normais da vida celular.

A sociedade industrial criou uma acumulação de dejetos, lixo e poluição, desequilibrando a biosfera, além de causar uma diminuição correspondente dos recursos naturais. Além disso, em razão da complexidade e do atraso dos mecanismos, não podemos prever os prazos em geral para as conseqüências socioeconômicas ou de desenvolvimento de doenças. Continuar trilhando esse caminho não é compatível com a riqueza, nem com a saúde humana e ecológica.

A genialidade do The Natural Step é fazer perguntas sistêmicas que evitem as perguntas técnicas sobre as quais os cientistas discutirão durante anos ainda e, desse modo, conseguir um consenso que permita a ação cooperativa, evitando as incertezas técnicas que antes emperravam os processos políticos habituais. Essas perguntas sistêmicas dão origem a acordos surpreendentes, desde o Greenpeace e sindicatos até a indústria e a religião. Elas são feitas com relação aos CFCs,[18] à dioxina ou a outras substâncias artificiais: *Seria essa uma substância que ocorre naturalmente? Não. Ela é quimicamente estável? Sim. Ela se decompõe em substâncias inofensivas? Não. Ela se acumula em tecidos orgânicos ou corpóreos? Sim. É possível predizer as tolerâncias aceitáveis? Não. Podemos continuar introduzindo dioxina no ambiente?* Não, se quisermos sobreviver.

O programa do The Natural Step foi lançado oficialmente na Suécia em 1989. As suas atividades apóiam a substituição de métodos lineares, que desperdiçam recursos e disseminam substâncias tóxicas durante o manuseio e a produção de materiais, para métodos cíclicos, que preservam os recursos. A estratégia central é dar apoio a residências, empresas e governos locais que representem bons exemplos de desenvolvimento ecocíclico. O programa conseguiu um apoio incrivelmente amplo de importantes corporações, de pequenas empresas, de bancos e companhias de seguros, da empresa ferroviária estatal sueca State Railways, da Igreja da Suécia, de *sites* profissionais da Internet e de grupos de jovens. Ele está sendo imitado em vários outros países do norte europeu.

Para que haja uma economia verdadeiramente sustentável a longo prazo, de acordo com Robèrt, há quatro condições "inegociáveis":

1. ***Reserva de depósitos minerais:*** O uso de depósitos minerais virgens não deve exceder os processos de sedimentação extremamente lentos da natureza. Em termos práticos, isso requer praticamente o fim das atividades de mineração.
2. ***Compostos não-orgânicos:*** É preciso interromper o uso de compostos não-naturais persistentes. Se o uso dessas moléculas exceder os processos lentos pelos quais a natureza os destrói, o princípio de conservação da matéria, junto com a tendência de disseminação (tendência da entropia para aumentar), causará a acumulação de lixo molecular na biosfera.
3. ***Ecossistemas:*** As condições físicas (de área e ecológicas) da diversidade da natureza e a capacidade para a produção primária devem ser

18. CFC, abreviação de clorofluorcarboneto ou gás fréon, nome de derivados clorados e fluorados de alcanos (metano e etano, principalmente), que são usados em refrigeração e aerossóis e que podem ser danosos à camada de ozônio. (N. do T.)

preservadas. Em termos práticos, isso inclui a agricultura e a silvicultura ecologicamente sustentáveis, medidas eficazes para resolver o problema da escassez da água e a interrupção da expansão das infra-estruturas das cidades grandes.

4. *Metabolismo:* O uso de energia e de materiais tem de ser reduzido para que não mais ultrapasse a capacidade dos ecossistemas de processar o lixo em novos recursos. Em termos práticos, isso significa um estilo de vida que não consuma tanta energia, como acontece no mundo ocidental, em combinação com medidas eficazes para regular o crescimento das populações e para melhorar a qualidade de vida no Terceiro Mundo.

O que esses dois exemplos (agricultura e indústria) representam é o fracasso da sociedade humana moderna em co-evoluir com o seu ambiente natural.

SAHTOURIS:

Todos os seres vivos e os seus ambientes, amplamente compostos de outras espécies, co-evoluem transformando a si mesmos e uns aos outros. Para entender qualquer espécie temos de tentar entender como a sua evolução se relaciona com a evolução do seu ambiente. Em especial, só podemos nos entender como seres humanos se tentarmos entender a nossa co-evolução com o nosso ambiente ao longo da nossa história.

Imagine a co-evolução da humanidade e dos seus ecossistemas como se assistisse a um filme de curta-metragem: pequenos grupos de seres humanos são vistos evoluindo dos seus ancestrais símios nas florestas densas das regiões vizinhas às zonas equatoriais. O clima muda, as florestas diminuem; vemos os seres humanos em evolução deixando de balançar em árvores e passando a andar eretos sobre o chão. Grupos deles vagam em busca de alimento. Lentamente, eles começam a fabricar ferramentas e armas, controlar o fogo, usar roupas — utilizando os recursos do ambiente para fazer as coisas de que têm necessidade, coisas que compensam a falta de uma pele grossa, garras afiadas e dentes longos; coisas que os ajudam a caçar outros animais grandes para lhes servir de alimento, ferramentas de osso e roupas; coisas que os ajudam a transportar, armazenar e preparar o alimento. Quando as suas famílias ou tribos ficam grandes demais para conviver sem problemas, alguns integrantes do grupo saem para formar novas tribos.

Os seres humanos prosperam, multiplicando-se e espalhando-se para procurar alimento e água. As grandes eras glaciais os empurram de volta para o equador, mas a cada vez que ocorre o degelo eles são atraídos para os campos cobertos de um verde novo e luxuriante, que surgem após o degelo. Por fim, a busca de alimento os leva a todos os continentes. Alguns continuam pertencendo a tribos de caçadores, criadores de rebanhos ou nômades, outros começam o processo de assentamento a que chamamos civilização.

Nas regiões de climas melhores, grupos deles se estabelecem e formam aldeias e campos, para criar animais e cultivar lavouras, armazenar comida para a época da seca ou de inverno. As aldeias crescem e se transformam em cidades, e as cidades em sociedades agrícolas maiores, que transformam consideráveis extensões de terras de ecossistemas naturais em artificiais. Vivendo em paz e em igualdade por milhares de anos, fazendo surgir novas colônias enquanto crescem e alternando essa vida com a existência nômade, eles se espalham pelas áreas habitáveis do mundo, desenvolvendo seus conhecimentos em seleção de plantas, criação de animais, cerâmica, pintura e metalurgia. Então eles de repente sofrem invasões de outros seres humanos, de tribos de nômades errantes e caçadores, provenientes de climas mais severos, equipados com armas, que os conquistam e estabelecem um sistema de domínio em que os homens são considerados superiores às mulheres — os governantes estão acima dos governados. Eles constroem reinos e os transformam em impérios por meio da guerra. Cada vez mais a terra é tomada para uso humano. Os antigos ecossistemas que se criavam e se equilibravam por si mesmos são destruídos, enquanto as plantas naturais são cortadas ou queimadas e os seus animais se vão, ambos substituídos por culturas vegetais desenvolvidas pelo homem e pelo gado, assim como por cidades de pedra, tijolo e madeira.

Dentro dos impérios e entre eles, guerras são travadas e mercadorias negociadas, construindo-se malhas viárias por terra e por mar, que ligam as sociedades humanas entre si. Ao longo dessas vias, notícias, idéias e histórias fluem juntamente com pessoas, mercadorias, animais, sementes e micróbios. Às vezes, inadvertidamente, as pessoas mudam ecossistemas inteiros enquanto as suas sementes ou animais suplantam ou afugentam as espécies nativas. As cidades, em que a terra natural é substituída por edifícios e ruas, crescem como centros de idéias, invenções, novas maneiras de viver. As condições de vida em grandes núcleos urbanos também criam doenças; epidemias às vezes dizimam populações inteiras.

As fronteiras dos reinos e impérios mudam; continentes são mapeados e divididos em países; as populações humanas crescem e os idiomas e culturas se diversificam. O ambiente moldou a civilização humana atraindo-a para climas favoráveis, em vales férteis de rios e ao longo de rotas terrestres onde o transporte é mais fácil. Por sua vez, os seres humanos continuam transformando o ambiente para uso próprio. Florestas inteiras são cortadas para produzir madeira e combustível, ou queimadas para dar lugar a pastagens e à agricultura. A terra natural é cada vez mais arada pelos fazendeiros e pavimentada pelos construtores de cidades. Os desertos tornam-se cada vez maiores enquanto cada vez mais espécies de animais e plantas são exterminadas e os humanos exploram a natureza em prol dos seus próprios interesses.

Nas cidades, aglomeram-se um número cada vez maior de pessoas em ambientes artificiais; matérias-primas chegam aos centros urbanos vindas dos lugares mais distantes, enquanto os produtos fabricados com esses materiais refluem de volta aos mercados. Espécies vegetais e animais nativas de uma parte do mundo são plantadas e criadas em outras. A tecnologia humana evolui da equipagem de cavalos de equitação e a construção de navios a vela para navios a vapor, aviões a jato e espaçonaves, de teares fabris a indústrias de computadores, de tabletes de barro para estampar as indústrias gráficas, de pregoeiros de rua para a televisão. Um mundo que antes era escuro à noite exceto por florestas em chamas é iluminado por uma teia refulgente de luzes elétricas. Um mundo uma vez silencioso à noite exceto pelo solitário grito de um pássaro ou mamífero é inundado de ruídos de máquinas e de música. Minas e pedreiras são escavadas profundamente na Terra e expostas como cicatrizes na sua superfície; a sua rocha, os seus minérios metálicos e os seus combustíveis fósseis são transformados em matéria-prima. Os rios foram represados e desviados em cursos antinaturais, deixando ecossistemas inundados atrás de si, criando desertos à sua frente, em nome da insaciável demanda humana de energia elétrica.

A atmosfera, as vias fluviais, o solo e os oceanos são poluídos por fertilizantes, pesticidas, metais pesados artificiais e outros dejetos materiais produzidos pelo homem. Ainda assim, a quantidade maior de alimentos fez com que a humanidade alcançasse tais proporções que a impressão que se tem é que não há espaço suficiente — que falta espaço no planeta. Desertos que foram criados pelo homem são depois inundados pelo homem na esperança de ampliar a agricultura; em poucos anos eles secam novamente como desertos salgados.

A energia nuclear é descoberta; explodem duas bombas atômicas para deliberadamente destruir os próprios ecossistemas artificiais do homem; outras explodem em testes nucleares, destruindo ecossistemas naturais, causando chuvas radioativas no mundo todo. A tecnologia humana faz seu salto para o espaço e a humanidade, pela primeira vez, vê o seu planeta extraordinariamente adorável de longe, como um todo vivo. A humanidade desperta de repente para o reconhecimento do enorme dano que causou ao seu ambiente, começa a temer o esgotamento ou a poluição irreversível das águas naturais, dos combustíveis fósseis e de outros suprimentos, a reconhecer o seu poder de destruir o mundo humano inteiro e de forçar o planeta a tomar novos caminhos em sua evolução, a sentir os efeitos dos seus gases de estufa sobre uma atmosfera que está ficando cada dia mais aquecida, ameaçando o fim da nossa espécie por um caminho que nós mesmos pavimentamos.

É um enredo impressionante, mas a saga termina numa observação assustadora. Uma espécie — nova, uma arrivista — praticamente apropriou-se do planeta inteiro, transformando fecundos e variados ecossistemas em monoculturas frágeis, em vastos desertos e numa poluição sufocante. Trata-se de um tipo de câncer planetário, que encara com indiferença o fato de se expandir à custa do seu próprio sistema de sustentação? Por que a única espécie com tanta capacidade para ver o que se passou e o que vem pela frente é tão destrutiva para si mesma e para o seu planeta? O traço mais evidente dos sistemas social, político e econômico humanos continua sendo a construção de impérios por meio da dominação: a metade feminina da espécie permanece ainda em grande parte sob o controle da metade masculina e explorada por ela, a maioria dos países da Terra ainda é dominada e explorada pela minoria mais poderosa, cada país mantém os próprios sistemas de domínio de classe, casta e discriminação, poucos contratando muitos para trabalhar para eles e lhes proporcionar riqueza e poder para se expandirem ainda mais.

Cada vez mais, a construção de impérios transforma-se: em vez de nações colonizando nações agora são megacorporações colonizando populações do mundo todo em busca de mão-de-obra barata e melhores mercados para os seus produtos. As nações ficarão obsoletas? Ou os governos nacionais mobilizarão cada vez mais os seus recursos em prol do escasso bem-estar dos que foram privados de suas posses pelas corporações de alta tecnologia, com quadros de funcionários cada vez mais reduzidos? Na África e na Ásia, grandes populações de miseráveis vagam numa busca frenética por água e alimento; as doenças alastram-se de modo desenfreado entre eles. Doenças novas infestam até mesmo populações afluentes, enquanto os esforços das tecnologias médicas saem pela culatra, fazendo com que micróbios adotem novas configurações genéticas e os sistemas imunológicos se debilitem, diante da agressão provocadas por venenos ambientais e outras tensões. A fertilidade masculina está abaixo de 40 por cento no mundo todo, enquanto outras espécies sucumbem à poluição humana disseminada num ritmo sem precedentes. A espécie humana será extinta? Ou virá a entender os sistemas vivos cooperativos no seu momento mais tenebroso e se transformar numa comunidade cooperativa global que trabalhe intensamente para restabelecer a saúde dos seus ecossistemas e a sua própria?

HARMAN:

Você certamente põe em pauta um problema básico. O pensamento predominante sobre a nossa relação com a Terra e com a natureza, orientado pela ciência reducionista, está levando o mundo moderno a um futuro não-sustentável. Será que o curso dessa evolução cultural pode ser mudado com rapidez suficiente para nos levar a um futuro favorável, com relações verdadeiramente positivas com os outros seres vivos e com o ambiente global como um todo? Será que isso exige que deixemos de ver a física como a ciência central e coloquemos os sistemas vivos no centro da nossa visão de mundo?

Nós estamos chegando ao fim desta fase do nosso estudo. Eu gostaria de concluí-la com alguns pensamentos de Margaret Wheatley. Margaret é uma consultora de negócios e organizações, que as ajuda a reconhecer que está na hora de ficarem mais conscientes de si mesmas e mais responsáveis. Ela apresentou alguns princípios muito bem fundamentados que esclarecem as implicações do pensamento holístico nas organizações e nas sociedades. Esses princípios podem não ter se derivado explicitamente da posição ontológica de "hólons dentro de hólons" que adotamos, mas bem que poderiam.

Os oito princípios de Wheatley são (1996):

*1. **Vivemos num mundo em que a vida quer acontecer.*** Nesse sentido amplo, a biologia holística é teleológica. Não que haja metas fixas e específicas, mas que a vida criativa parece inclinada a expressar a sua criatividade além de qualquer medida e parece fazer isso com uma finalidade. Fomos todos influenciados, durante o nosso crescimento, pelo dogma darwiniano aceito de que o surgimento da vida na Terra foi um acidente e que a evolução compunha-se de uma série de acidentes sem sentido e "da sobrevivência do mais adaptado". A nova concepção, muito mais saudável e mais verdadeira para a existência humana como um todo, é de que a vida quer acontecer como uma comunidade, e somos todos parte dela.

*2. **As organizações e as sociedades são sistemas vivos.*** E sistemas vivos são auto-organizados. A nova "administração" das organizações requer que respeitemos as tendências auto-organizadoras e que confiemos nelas. Essa também é a chave para a verdadeira democracia; na política, estamos todos fazendo o possivel para encontrar caminhos que sigam na mesma direção.

3. *Vivemos num universo que é vivo, criativo e que tenta o tempo todo descobrir o que é possível.* Podemos ver isso em todos os níveis, quer estejamos observando micróbios ou galáxias. As pessoas são inteligentes, criativas, adaptáveis; buscamos ordem, buscamos significado na nossa vida. Quando realmente começarmos a acreditar nisso, o modo como pensamos sobre organizar-se irá mudar.

4. *É a tendência natural da vida buscar níveis cada vez maiores de complexidade e diversidade.* A vida procura afiliar-se com outra vida e, à medida que faz isso, cria mais possibilidades. Ela busca criar padrões, estruturas, organização, sem uma liderança diretiva planejada com antecedência.

5. *A vida usa a desordem para chegar a soluções bem-organizadas.* O que pode parecer bagunçado e ineficiente, sob um olhar mais atento, parece-se com a vida experimentando — descobrindo o que é possível. Na recriação de ecossistemas, por exemplo, é preciso muita confusão antes da descoberta do que realmente funciona para as inúmeras espécies, mas a orientação é sempre no sentido da ordem.

6. *A vida é intenção de achar o que funciona, não o que é certo.* Quando você olha ao seu redor, você vê a vida consertando, experimentando, brincando. A brincadeira entra criativamente nas relações humanas, em que a tarefa a todo momento é achar algo que funcione, e não egoisticamente achar a "resposta certa".

7. *A vida cria mais possibilidades quando aproveita oportunidades.* Às vezes ouvimos dizer que algum aspecto da vida apresenta "poucas oportunidades". Isso nunca é verdade; os sistemas vivos não agem desse modo. Toda vez que tentamos fazer algo funcionar, estamos criando mais possibilidades dentro do sistema — criamos muitas oportunidades diferentes. Se uma determinada oportunidade não for aproveitada, sempre haverá muitas outras para se aproveitar. Cada oportunidade leva ao seu próprio padrão de ordem.

8. *A vida se organiza em torno da identidade.* Nessa confusão toda de brotos e zumbidos da vida, procuramos padrões e informações que sejam significativos para nós de algum modo, dependendo de quem achamos que somos. A vida se organiza de maneira espontânea e criativa em torno de um eu; toda vida tem essa dimensão subjetiva. A consciência atua em tudo, formando-se em diferentes seres identificáveis.

As idéias de Margaret Wheatley, para mim, são profundas. Elas expressam de outro modo a "história" que eu penso que contaremos a nós mesmos quando uma biologia mais holística vier complementar a ciência centrada na tecnologia extremamente eficaz e que agora prevalece.

E agora está na hora para convidá-lo, prezado leitor, a participar de fato do debate. Nós, Willis e Elisabet, procuramos deixá-lo a par dos pensamentos mais profundos sobre algumas questões importantes. Mas isso é apenas o começo. As questões que levantamos sobre a ciência adequada, a biologia como a ciência de base, as metáforas úteis para uma biologia mais holística, as implicações da "história" que a nossa cultura conta para si mesma sobre o surgimento e a evolução dos sistemas vivos, as implicações ulteriores de se lidar com organizações e sociedades que organizam a si mesmas — essas questões são importantes. Elas não são só importantes para os cientistas e para os filósofos — elas são questões para todos os cidadãos desta sociedade em transformação.

Alguns de vocês estarão envolvidos em debates sobre essas questões; alguns escreverão sobre elas; alguns irão participar de discussões pela Internet. Esperamos que o que fizemos aqui venha a ser um estímulo útil para tudo disso. Viva o debate!

Referências Bibliográficas

Abram, David (1996), *Spell of the Sensuous.* Nova York: Pantheon Books.

Assagioli, Roberto (1965), *Psychosynthesis: A Manual of Principles and Techniques.* Nova York: Viking.

Augros, Robert e George Stanciu (1987), *The New Biology: Discovering the Wisdom in Nature.* Boston: Shambhala, New Science Library.

Baldwin, William (1993), *Spirit Releasement Therapy.* Falls Church, Virgínia: Human Potential Foundation.

Barfield, Owen (1982), "The Evolution Complex", *Towards,* vol. 2, nº 2, Primavera, 1982, pp. 6-16.

Bateson, Gregory (1980), *Mind and Nature: A Necessary Unity.* Nova York: Bantam Books.

Beloff, John (1977), "Psi Phenomena: Causal Versus Acausal Interpretation." *Jour. Soc. Psychical Research,* vol. 49, nº 773; set. 1977.

Bentov, Itzhak (1977), *Stalking the Wild Pendulum,* Nova York: E. P. Dutton.

Bortoft, Henri (1996), *The Wholeness of Nature: Goethe's Science of Conscious Participation in Nature.* Hudson, NY: Lindisfarne Press.

Brown, Courtney (1996), *Cosmic Voyage.* Nova York: Dutton.

Cairns, John, Julie Overbaugh e Stephan Miller (1988), "The Origin of Mutants". *Nature,* 335 (8 de setembro): 142-145.

Cahete, Greg (1994), *Look to the Mountain: An Ecology of Indigenous Education.* Durange, Colorado: Kivaki Press.

Campbell, Donald T. (1974), "Downward Causation in Hierarchically Organized Biological Systems", *Studies in the Philosophy of Biology,* orgs. F. Ayala & T. Dobzhansky. Berkeley: University of California Press.

Davidson, John (1992), *Natural Creation or Natural Selection?* Shaftesbury, Dorset: Element Books.

Denton, Michael (1985), *Evolution: A Theory in Crisis.* Bethesda, Maryland: Adler and Adler.

Depew, David e Bruce Weber, orgs. (1985), *Evolution at a Crossroads: The New Biology and the New Philosophy of Science.* Cambridge: MIT Press.

Dobzhansky, Theodosius (1967), *The Biology of Ultimate Concern.* Nova York: New American Library.

Easlea, Brian (1983), *Fathering the Unthinkable: Masculinity, Scientists and the Nuclear Arms Race.* Londres: Pluto Press.

Edelman, Gerald M. (1992), *Bright Air, Brilliant Fire: On the Matter of the Mind.* Nova York: Basic Books.

Eisenbud, Jule (1983), *Parapsychology and the Unconscious.* Berkeley, Califórnia: North Atlantic Books.

Eldredge, Niles (1987), *Life Pulse.* Londres: Facts On File Publications.

Endler, John A. (1986), *Natural Selection in the Wild.* Princeton, Nova Jersey: Princeton University Press.

Fleischaker, Gail R. (1990), "Origins of Life: An Operational Definition". *Origins of Life and Evolution of the Biosphere* 20: 127-137.

Friedman, Norman (1994), *Bridging Science and Spirit.* St. Louis, Missouri: Living Lake Books.

Fukuoka, Masanobu (1987), *The Road Back to Nature: Regaining the Paradise Lost.* Japan Publishers, Inc.

Goodwin, Brian (1994a), *How the Leopard Changed Its Spots: The Evolution of Complexity.* Londres: Charles Scribner's and Sons.

Goodwin, Brian (1994b), "Toward a Science of Qualities", in *New Metaphysical Foundations of Modern Science,* W. Harman ed. Sausalito, Califórnia: Institute of Noetic Sciences.

Gould, Stephen Jay (1989), *Wonderful Life: The Burgess Shale and the Nature of History.* Nova York: W. W. Norton.

Hall, Barry G. (1988), "Adaptive Evolution That Requires Multiple Spontaneous Mutations: 1. Mutations Involving an Insertion Sequence". *Genetics,* 120 (dezembro): 887-897.

Hastings, Arthur (1991), *Tongues of Men and Angels.* Fort Worth, Texas: Holt, Rinehart and Winston.

Hawken, Paul (1993), *The Ecology of Commerce: A Declaration of Sustainability.* Nova York: Harper Business.

Hefner, Philip (1993), *The Human Factor. Evolution, Culture, and Religion.* Minneapolis: Fortress Press.

Henderson, Hazel (1996), *Building a Win-Win World.* San Francisco: Berrett-Koehler. [*Construindo um Mundo onde Todos Ganhem*, publicado pela Editora Cultrix, São Paulo, 1998]

Heywood, Rosalind (1974), *Beyond the Reach of Sense: An Inquiry into Extra-Sensory Perception.* Nova York: E. P. Dutton.

Ho, Mae-Wan e P. T. Saunders, orgs. (1984), *Beyond Darwinism: Introduction to the New Evolutionary Paradigm.* Londres: Academic Press.

Ho, Mae-Wan e S. W. Fox, orgs. (1988), *Evolutionary Processes and Metaphors.* Londres: Wiley.

Horgan, John (1996), *The End of Science: Facing the Limits of Knowledge in the Twilight of the Scientific Age.* Nova York: Addison-Wesley.

Hoyle, Fred (1983), *The Intelligent Universe,* Londres, Michael Joseph Ltd.

Hunt, Valerie Hunt (1995), *Infinite Mind: the Science of Human Vibrations.* Malibu, Califórnia: Malibu Publishing Co.

Inglis, Brian (1992), *Natural and Supernatural: A History of the Paranormal.* Bridport, Dorset: Prism Press.

Jahn, Robert e Brenda Dunne (1987), *Margins of Reality: The Role of Consciousness in the Physical World.* Nova York: Harcourt Brace Jovanovich.

James, William (1912), *Essays in Radical Empiricism.* Nova York: Longmans, Green and Co.

Jantsch, Erich (1980), *The Self-Organizing Universe.* Oxford: Pergamon Press.

Jantsch, Erich e Waddington, C. H. (1976), *Evolution and Consciousness.* Reading, Massachusetts: Addison-Wesley.

Johnson, Raynor C. (1957), *Nurslings of Immortality.* Nova York: Harper and Brothers. (Contém um resumo das conclusões dos livros de F. W. H. Myers, *The Road to Immortality* e *Beyond Human Personality.)*

Jung, C. G. e Pauli, W. (1955), *The Interpretation and Nature of the Psyche,* traduzido para o inglês por R. F. C. Hull e P. Silz. Nova York: Pantheon.

Kaku, Michio (1994), *Hyperspace.* Oxford University Press.

Korten, David (1995), *When Corporations Rule the World.* San Francisco: Berrett-Koehler.

Korten, David (1996, março/abril), "Economies of Meaning". *Tikkun:* 17-19.

Kuhn, Thomas (1970), *The Structure of Scientific Revolutions,* 2ª ed. Chicago: University of Chicago Press.

Lapo, A. V. (1982), *Traces of Bygone Biospheres.* Moscou: Mir Publishers.

Laszlo, Ervin (1996), *Evolution: Foundations of a General Theory,* Alfonso Montuori, ed. NJ: Hampton Press.

Leakey, Richard e Lewin, Roger (1995), *The Sixth Extinction: Patterns of Life and the Future of Humankind.* Nova York: Doubleday.

Levins, Richard e Richard Lewontin (1985), *The Dialectical Biologist.* Cambridge: Harvard University Press.

Lipton, Bruce (1993), "The Biology of Consciousness", *Proc. of the Int'l Assoc. of New Sciences.*, Ft. Collins, Colorado.

Lovelock, James (1979), *Gaia: A New Look at Life on Earth.* New York: Oxford University Press.

Lovelock, James (1988), *The Ages of Gaia: A Biography of Our Living Earth.* Nova York: W. W. Norton.

Lucas, Winafred (1993), *Regression Therapy: A Handbook for Professionals.* Crest Park, Califórnia: Deep Forest Press.

Macy, Mark e Pat Kubis (1995), *Conversations Beyond the Light.* Boulder, Colorado: Griffin Publishing. Informações atualizadas sobre a "transcomunicação instrumental" (TCI) são oferecidas por Mark Macy, Continuing Life Research, P.O. Box 11036, Boulder, CO 80301.

Margulis, Lynn (1991), "Lynn Margulis: Science's Unruly Earth Mother", in *Science,* 252, pp. 378-381.

Margulis, Lynn e Dorion Sagan (1986), *Microcosmos: Four Billion Years of Evolution from Our Microbial Ancestors.* Nova York: Simon & Schuster.

Margulis, Lynn e Dorion Sagan (1995), *What is Life.* Nova York: Simon & Schuster.

Maturana, Humberto e Francisco Varela (1987), *The Tree of Knowledge: The Biological Roots of Human Understanding.* Boston: New Science Library.

Mayr, Ernst (1988), *Toward a New Philosophy of Biology: Observations of an Evolutionist.* Cambridge, Mass.: Harvard University Press.

McClintock, Barbara (1984), "The significance of responses of the genome to challenge", *Science,* 226, 792-801.

Milla Villena, Carlos (1983), *Genesis de la Cultura Andina.* Lima, Peru: Fondo Editorial C. A. P. Coleccion Bienal.

Mitchell, Edgar D. (1974), *Psychic Exploration.* Nova York: G. P. Putnam's Sons.

Pankow, Walter (1976), "Openness as Self-Transcendence", *in* Jantsch, E. e Waddington, C. H., *Evolution and Consciousness.* Reading, Massachusetts: Addison-Wesley.

Peat, F. David (1987), *Synchronicity: The Bridge Between Matter and Mind.* Nova York: Bantam.

Pollard, Jeffrey (1988), "New Genetic Mechanisms and Their Implications for the Formation of New Species", in Ho, Mae-Wan e Fox, Sidney, orgs., *Evolutionary Processes and Metaphors.* John Wiley & Sons.

Prigogine, Ilya e Stengers, Isabelle (1984), *Order out of Chaos: Man's New Dialogue with Nature.* Nova York: Bantam.

Puthoff, Harold (1990), "Everything for Nothing". *New Scientist* (28 de julho).

Quine, W. V. O. (1960), *Word and Object.* Cambridge, Massachusetts: MIT Press.

Rabinovitch, Jonas e Josef Leitman (1996), "Urban Planning in Curitiba". *Scientific American,* abril, 1996.

Sahtouris, Elisabet (1991), "Beautiful Bulrushes, Remarkable Reeds: The Water Reclamation Miracles of Dr. Kaethe Seidel". Website: www.ratical.com/lifeweb.

Sahtouris, Elisabet (1996), *EarthDance.* Santa Barbara: Metalog. Website: www.ratical.com/lifeweb.

Sahtouris, Elisabet (1997), "The Biology of Globalization", *in Perspectives on Business and Global Change,* setembro, 1997.

Salk, Jonas e Jonathan Salk (1981), *World Population and Human Values: A New Reality.* Nova York: Harper & Row.

Salk, Jonas (1983), "A Conversation with Jonas Salk", *in Psychology Today,* março, 1983.

Scotton, Bruce, Allen Chinen e John Battista (1996), *Textbook of Transpersonal Psychiatry and Psychology.* Nova York: Basic Books.

Sheldrake, Rupert (1981), *A New Science of Life: The Hypothesis of Formative Causation.* Los Angeles: J. P. Tarcher.

Sheldrake, Rupert (1988), *The Presence of the Past: Morphic Resonance and the Habits of Nature.* Nova York: Times Books.

Shiva, Vandana (1988), *Staying Alive.* Londres: Zed Press.

Shiva, Vandana (1989), *The Violence of the Green Revolution.* Dehra Dun, Índia.

Sinnott, Edmund W. (1955), *The Biology of the Spirit.* Nova York: Viking Press.

Sonea, S. e M. Panisset (1983), *A New Bacteriology.* Boston: Jones & Bartlett.

Stevenson, Ian (1987), *Children Who Remember Previous Lives.* Charlottesville: University Press of Virginia.

Tart, Charles (1975a), *States of Consciousness.* Nova York: Dutton.

Tart, Charles, org., (1975b), *Transpersonal Psychologies*. Nova York: Harper and Row.

Teilhard de Chardin, Pierre (1959), *The Phenomenon of Man*. Londres: William Collins.

Temin, H. M. e Engels, W. (1984), "Movable Genetic Elements and Evolution", *in* J. W. Pollard, org., *Evolutionary Theory: Paths into the Future*. Chichester: John Wiley & Sons.

Thomas, Lewis (1975), *Lives of a Cell: Notes of a Biology Watcher*. Nova York: Bantam.

Tompkins, Peter e Christopher Bird (1973), *The Secret Life of Plants*. Nova York: Harper and Row.

Underwood, Paula (1991), *Three Strands in the Braid: A Guide for Enablers of Learning*. San Anselmo, Califórnia: A Tribe of Two Press.

Velmans, Max (1993), "A Reflexive Science of Consciousness", *in Experimental and Theoretical Studies of Consciousness*, Ciba Foundation Symposium Nº 174. Chichester: Wiley.

Waddington, C. H. (1961), *The Nature of Life*. Londres: Allen & Unwin.

Wald, George (1987), "The Cosmology of Life and Mind", *in* Singh, T. D. e Ravi Gomitam, orgs., *Synthesis of Science and Religion: Critical Essays and Dialogues*. San Francisco: The Bhaktivedanta Institute.

Waldrop, M. Mitchell (1992), *Complexity*. Nova York: Simon & Schuster.

Walsh, Roger e Frances Vaughan (1993), "The Riddle of Consciousness". Dissertação não-publicada.

Watzlawick, Paul (1984), *The Invented Reality*. Nova York: W. W. Norton.

Wesson, Robert G. (1989), *Cosmos and Metacosmos*. La Salle, Illinois: Open Court.

Wesson, Robert G. (1991), *Beyond Natural Selection*. Cambridge, MA: MIT Press.

Wheatley, Margaret e Myron Kellner-Rogers (1996), *A Simpler* Way. San Francisco: Berrett-Koehler.

Wilber, Ken (1993), "The Great Chain of Being". *Journal of Humanistic Psychology*, vol. 33, nº 3, verão, pp. 52-65.

Wilber, Ken (1995), *A Brief History of Everything*. Boston: Shambhala.

Wyller, Arne (1996), *The Planetary Mind*. Aspen, Colorado: MacMurray & Beck, Inc.

Zukav, Gary (1991), *Science and Spirit*. Ata do III International Forum on New Science, Fort Collins, Colorado, setembro, 1991.

Sobre o Institute of Noetic Sciences

Vivemos numa época de rápidas mudanças ambientais, sociais, científicas e culturais. Nesta época de globalização e mudanças transformadoras, reconhecemos que muitos dos nossos pressupostos mais elementares sobre a natureza humana estão sendo questionados. O Institute of Noetic Sciences, fundado em 1973, é uma fundação de pesquisa, uma instituição educativa e uma associação composta de pessoas comprometidas em desenvolver os nossos conhecimentos da consciência humana por meio da investigação científica, da compreensão espiritual e do bem-estar psicológico. A palavra *noetic* (noético) deriva da palavra grega que designa a mente, a inteligência ou a experiência transcendental. Portanto, as "ciências noéticas" são aquelas que estudam a mente e os seus vários meios de apreensão do conhecimento, de uma maneira verdadeiramente interdisciplinar.

Como uma fundação de pesquisa...
A nossa intenção é apoiar pesquisadores inovadores e adotar novas linhas de investigação. Conduzimos pesquisas originais e viabilizamos contratos de pesquisa para investigações científicas e acadêmicas de ponta. Além disso, servimos como um ponto de encontro entre profissionais e como centro de troca de informações.

Como instituição educativa, publicamos um jornal trimestral, uma revista trimestral para os associados, além de monografias, vídeos e livros pertinentes à nossa programação. O nosso instituto também mantém um programa semanal de rádio, o *New Dimensions Radio,* numa emissora de rádio do governo e é afiliado ao programa de televisão *Thinking Allowed* e à Hartley Film Foundation.

Como associação, oferecemos oportunidades para o desenvolvimento de pesquisas científicas e acadêmicas em que os pesquisadores possam aplicar os seus conhecimentos e a sua experiência. Os associados participam de grupos de estudos, conferências e reuniões, além de receber apoio para pesquisas na sua área particular de interesse, num mundo em constante mudança.

Nosso programa de viagens oferece oportunidades para o estudo das mais variadas culturas ao redor do mundo.

Se você quiser financiar as nossas pesquisas ou obter mais informações sobre a nossa instituição, entre em contato conosco:

The Institute of Noetic Sciences
475 Gate Five Road, Suite 300-Research
Sausalito CA 94965
Fone 415-331-5650 — fax 415-331-5673
e-mail: research@noetic.org

Sobre os Autores

O falecido **Willis Harman, Ph.D.**, foi presidente do Institute of Noetic Sciences, uma associação de pesquisa e educação sem fins lucrativos, fundada em 1973. A missão dessa instituição é expandir o conhecimento sobre a natureza e os potenciais da mente, além de aplicar esse conhecimento no avanço da saúde e do bem-estar da humanidade. O dr. Harman dirigiu um projeto do instituto, o Causality Program, uma investigação sobre os pressupostos básicos da ciência contemporânea e um estudo dos fenômenos anômalos que apontam para a necessidade de uma ciência mais ampla ou revisada. O grupo de estudos do Causality Program analisou os contornos dessa ciência, dando ênfase ao desenvolvimento de idéias para uma ciência que considere a consciência como um fator causal. Harman foi diretor-fundador da World Business Academy e conferencista e futurista de renome mundial. Entre os mais recentes livros publicados pelo dr. Harman destacam-se *New Metaphysical Foundations of Modern Science, Global Mind Change* (reeditado em 1998), *An Incomplete Guide to the Future, Higher Creativity* e *Changing Images of Man.*

Elisabet Sahtouris, Ph.D., é uma bióloga evolucionista, ecologista e futurista norte-americana, engajada nos movimentos conservacionistas da diversidade biológica da natureza. Consultora do governo norte-americano para os povos indígenas e fundadora da Worldwide Indigenous Science Network, ela participou da Conferência das Nações Unidas sobre Meio Ambiente e Desenvolvimento (Rio-92), no Rio de Janeiro. Atuou também como integrante do Earth Parliament e do Women's International Policy Action Commitee on Environment and Development, além de ser conselheira do Institute for Sustainable Development and Alternative Futures, da Global Education Associations e do Earth Restoration Corps. Ela publicou *Gaia: The Human Journey from Chaos to Cosmos* (recém-republicado como *Earthdance)*, que foi traduzido para oito idiomas. A dra. Sahtouris tem apresentado palestras em toda a Europa e nas Américas Central, do Sul e do Norte. Ela é convidada com freqüência para programas de televisão e de rádio, tendo publicado artigos e entrevistas numa grande variedade de jornais.